# 力学演習基礎

大阪産業大学物理学教室　編

学術図書出版社

# はじめに

大阪産業大学で主に工学部の初年度教育を経験した物理学教員の有志に声をかけ，各教員が授業で使っている力学の演習問題を持ちよって作ったのがこの演習書です．

昨今の大学入試の多様化により，工学部の学生であっても，高等学校で物理学の授業を履修していなかったり，履修したけれども苦手意識を持ったまま大学に入学した方も多いと思います．また，物理学と数学の区別があまりよくわからないという方もいるかもしれません．本書は，特にそのような方々を対象とし，大学初年度で学ぶ力学において，理工系学生として身につけるべき最小限の範囲だけを扱う演習書となっています．

したがって，問題の中には高等学校の物理学の教科書よりもずっと易しいものも含まれますが，物理学は基礎からだんだんとステップをのぼっていかなければ頂上に辿り着けない性質の学問なので，そういった簡単な問題こそ，早い時期に完全に理解しておくことが重要です．

各章のはじめには解説もつけましたので，講義の予習や復習の教材として十分に活用して頂きたいと思います．

物理学に限った話ではありませんが，好きで得意な科目ならどんどん予習をし，苦手な科目は復習を多めにすると理解がより深まると思います．また，最後の章には，やや難度の高い問題も用意しましたので，物理学が得意だと感じる方はぜひ挑戦してみてください．

最後に，この演習書の企画段階から刊行にいたるまで，様々な有益なコメントや助言を頂き，面倒な作業も快く引き受けてくださった，学術図書出版社の貝沼稔夫さんには，編著者一同，心より感謝の意を表します．

2021 年 3 月

編著者代表：茅原弘毅

# 目　　次

# 物理量と単位

数や数値に関する事柄 (身長，体重，年齢，距離，時間，物の個数など) すべてを物理学では「物理量」とよび，物理現象を客観的に記述するため明確に定義する必要がある．

物理量は必ず「**数値** × **単位**」の形式で書かれる．数値だけでは物理量とはいえず，つねに単位が必要である．また，単位からは，その物理量の性質を決める物理法則の内容を読み取ることができるため，単位や次元の理解はとても重要である．

## 基本単位

物理量には様々なものがあるが，基本となる単位 (基本単位) をもつ物理量は以下の 7 つである．

1. 長さ [m]　2. 質量 [kg]　3. 時間 [s]
4. 電流 [A]　5. 温度 [K]　6. 物質量 [mol]　7. 光度 [cd]

## 組み立て単位

基本単位どうしの掛け算や割り算をおこなうことで新たな物理量とその単位を定義することができる．組み立て単位をみればその物理量の定義がわかる場合が多い．

例：
- 面積 (長さ×長さ) [m$^2$]
- 体積 (長さ×長さ×長さ) [m$^3$]
- 周波数 (1/時間) [Hz]= [s$^{-1}$]
- 速さ (長さ/時間) [m/s]
- 加速度 (速さ/時間) [m/s$^2$]
- 力 (質量×加速度) [N]=[kg · m/s$^2$]
- 圧力 (力/面積) [Pa]=[N/m$^2$]

注意：異なる単位をもつ物理量の足し算と引き算は物理的に意味がない．つまり足し算と引き算は単位が同じ物理量どうしでしかできない．

## 国際単位系

物理量を表す単位は，国や地域，時代や文化，産業や活動の分野によって様々であり，相手に通じるのであれば，どれを使うかは自由に決めてよい．

例：長さの単位は [m] を使うことが推奨されるが，

テレビのサイズは [インチ]，
ゴルフの飛距離は [ヤード]，

飛行機の航路の長さは [マイル],
ボクサーの身長は [フィート] で紹介される.

質量の単位は [kg] を使うことが推奨されるが
ボクサーの体重は [ポンド] で紹介され,
ダイヤモンドの重さは [カラット] を使う.

しかし，世界がグローバル化してくると，単位の混在は特に通商や交易において不便となり 国際単位系 (SI) という度量衡に関する国際的な取り決めが定められた，SI では，長さは [m]，質量は [kg]，時間は [秒] の単位を用いることとされた.

## 国際単位系における接頭語

10 の整数乗倍 ($10^n$) を表すために，SI 接頭語を用いる.

| $10^1$ | $10^2$ | $10^3$ | $10^6$ | $10^9$ | $10^{12}$ | $10^{15}$ |
|---|---|---|---|---|---|---|
| da | h | k | M | G | T | P |
| デカ | ヘクト | キロ | メガ | ギガ | テラ | ペタ |

| $10^{-1}$ | $10^{-2}$ | $10^{-3}$ | $10^{-6}$ | $10^{-9}$ | $10^{-12}$ | $10^{-15}$ |
|---|---|---|---|---|---|---|
| d | c | m | $\mu$ | n | p | f |
| デシ | センチ | ミリ | マイクロ | ナノ | ピコ | フェムト |

つまり，km の「k」，cm の「c」，mm の最初の「m」はじつは数値であり，それぞれ $10^3$, $10^{-2}$, $10^{-3}$ を代入することができる．P (ペタ) より大きい数値を表す接頭語や，f (フェムト) より小さい数値を表す接頭語もある．興味があれば調べてみよう.

## 単位の換算

例 1： $1\,\mathrm{kg} = \square\,\mathrm{g}$

$$1 \times 10^3\,\mathrm{g} = \square\,\mathrm{g}, \qquad \square = \frac{1 \times 10^3\,\cancel{\mathrm{g}}}{\cancel{\mathrm{g}}}, \qquad \therefore \quad \square = 10^3 = 1000$$

例 2： $5.2\,\mathrm{mg} = \triangle\,\mu\mathrm{g}$

$$5.2 \times 10^{-3}\,\mathrm{g} = \triangle \times 10^{-6}\,\mathrm{g}, \qquad \triangle = \frac{5.2 \times 10^{-3}\,\cancel{\mathrm{g}}}{10^{-6}\,\cancel{\mathrm{g}}}, \qquad \therefore \quad \triangle = 5.2 \times 10^3$$

注意： 物理量の計算は数値部分だけでなく，単位部分も普通の文字式と同様に扱い計算に含めること．上記の例では [g] が約分されている.

## 単位と次元

単位は物理量がどのような物理法則で決められたのかを知るうえで非常に重要であり，物理量の定義は単位 (次元) を見ればわかるといっても過言ではない.

次元 (Dimension) とは一般化された (どんなときにも当てはまる) 単位のことである.

長さ (<u>L</u>ength) の単位を一般化し　L と書く
質量 (<u>M</u>ass)　の単位を一般化し　M と書く
時間 (<u>T</u>ime)　の単位を一般化し　T と書く

L, M, T はそれぞれ長さ，質量，時間の次元である．

面積の単位は [(長さの単位)$^2$]　⇒　面積の次元は $\mathsf{L}^2$
体積の単位は [(長さの単位)$^3$]　⇒　体積の次元は $\mathsf{L}^3$
速さの単位は [長さの単位/時間の単位]　⇒　速さの次元は $\mathsf{LT}^{-1}$
密度の単位は [質量/体積] = [質量の単位/(長さの単位)$^3$]　⇒　密度の次元は $\mathsf{ML}^{-3}$
力の単位は [質量 × 加速度] = [質量の単位 × (速さ/時間)]
= [質量の単位 × 長さの単位/(時間の単位)$^2$]　⇒　力の次元は $\mathsf{MLT}^{-2}$

**例題 1.1** **単位の換算**

**1.** 次の単位を換算せよ．

(1) $1\,\mathrm{kg} = \fbox{\phantom{xxxxxxxx}}\ \mathrm{g}$

(2) $1\,\mathrm{m} = \fbox{\phantom{xxxxxxxx}}\ \mathrm{km}$

(3) $1\,\mathrm{cm} = \fbox{\phantom{xxxxxxxx}}\ \mathrm{m}$

(4) $1\,\mathrm{m} = \fbox{\phantom{xxxxxxxx}}\ \mu\mathrm{m}$

(5) $1\,\mathrm{kg} = \fbox{\phantom{xxxxxxxx}}\ \mathrm{mg}$

(6) $1\,\mathrm{s} = \fbox{\phantom{xxxxxxxx}}\ \mathrm{ns}$

(7) $1\,\mathrm{hPa} = \fbox{\phantom{xxxxxxxx}}\ \mathrm{Pa}$

(8) $1\,\mathrm{m}^2 = \fbox{\phantom{xxxxxxxx}}\ \mathrm{cm}^2$

**2.** 左辺の単位を換算し，右辺の単位で表せ．

(1) $1.0 \times 10^{-5}\,\mathrm{g/cm^3} = \fbox{\phantom{xxxxxxxx}}\ \mathrm{kg/m^3}$

(2) $100\,\mathrm{km/h} = \fbox{\phantom{xxxxxxxx}}\ \mathrm{m/s}$

(3) $9.80 \times 10^{5}\,\mathrm{g{\cdot}cm/s^2} = \fbox{\phantom{xxxxxxxx}}\ \mathrm{kg{\cdot}m/s^2}$

(4) $10.13\,\mathrm{g/cm{\cdot}s^2} = \fbox{\phantom{xxxxxxxx}}\ \mathrm{kg/m{\cdot}s^2}$

MEMO

## 演 習 問 題

***1.1***　以下の単位変換をせよ．

(1) 時間の単位　1 時間 = [　　　] 分 = [　　　] 秒

(2) 距離の単位　1 km = [　　　] m = [　　　] cm = [　　　] mm

(3) 質量の単位　1 t = [　　　] kg = [　　　] g

***1.2***　音の進む速さ (音速) をマッハ 1 (1 Ma) と定義している．音速は 340 m/s であるとして，この音速を時速 [km/h] で表せ．ただし，温度によって多少変化するが，その変化量は無視できるとする．

***1.3***　次の物理量を MKS 単位系に直せ．答えは，有効数字 3 桁で表せ．

(1) 2.5 インチ (1 インチは 2.54 cm)

(2) 350 cc (1 cc は 1 $cm^3$)

(3) 1 年

(4) 5 ポンド (1 ポンドは 453 g)

# 2 力とベクトル

物理学において力は非常に重要である．力がはたらくことで物体は運動をはじめたり，あるいは変形したりする．しかしながら，力というのは目には見えない．では，力をどのように表せば良いだろうか？

## 力

力は 3 つの要素を持っている．大きさ・方向・力がはたらく場所 (作用点) の 3 つである．このような特徴を表現する道具としては，ベクトルが最適である．

## ベクトル

ベクトルとは，大きさと向きをもった量であり，矢印を用いて表す．矢印の始点が作用点を，向きが力のはたらく方向を，矢印の長さが力の大きさを表す．ベクトルは数式でも扱うことができるが，その場合は文字の上に矢印をのせた形で書くと高校数学で学習する．例えば，$\vec{a}$ と書き，普通の数 (スカラーという) と異なることを示す．物理学ではベクトルを太文字を使って表すことが多い．意味としては全く同じであるが，太文字とした場合は矢印を上には載せず，$\boldsymbol{a}$ のように書く．

ベクトルは方向や大きさが同じであれば，平面上を移動しても (平行移動という) 全く同じものとして扱える．これは重力を考えると便利なことがわかる．例えば今自分がいる場所の重力と，1 m 移動した先の重力が異なる，ということはない．力の性質をベクトルはうまく表現することができる．

## ベクトルの合成

2 つの力 (ベクトル) の合力は，一方のベクトルの始点をもう一方のベクトルの終点へ平行移動させ，最初のベクトルの始点から次のベクトルの終点まで新しいベクトルを描けば求められるが，これはベクトルが平行移動できることによるためでもある．

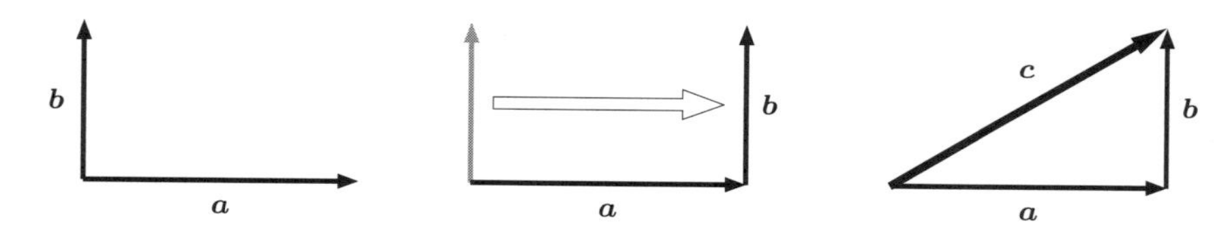

3 つ以上のベクトルの場合はこの操作を繰り返す．この合力の求め方は，「ベクトルの合成」という．数式としては「足し算」であり，例えば $\boldsymbol{a}+\boldsymbol{b}=\boldsymbol{c}$ のように書く．ただし，普通の数の足し算とは異なることに注意する．

### ベクトルの分解

1 つのベクトル $\boldsymbol{c}$ は 2 つのベクトル $\boldsymbol{a}, \boldsymbol{b}$ に分解することができ，$\boldsymbol{c}=\boldsymbol{a}+\boldsymbol{b}$ とかける．$\boldsymbol{a}$ と $\boldsymbol{b}$ の取り方は無数にあることに注意すると，分解するときは，どの方向とどの方向に分けるのかを決める必要がある．

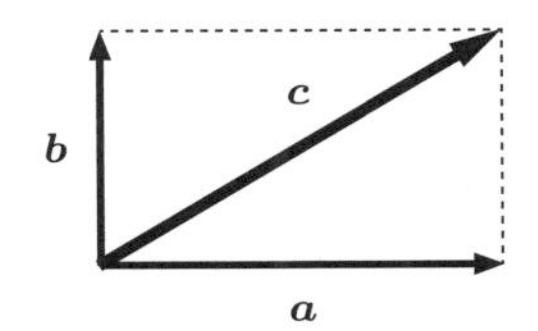

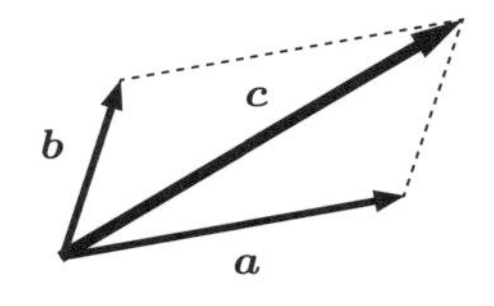


物理学でわかりやすい例としては，斜面上の物理現象を考える際に，重力を斜面方向と斜面に対して垂直な方向に分解する．

### ベクトルの成分表示

矢印は座標平面上に表すと，ベクトルの大きさや方向が非常にわかりやすくなる．矢印の始点を座標平面の原点にとれば，矢印の先から成分は容易にわかり，例えば

$$\boldsymbol{a}=(1,2)$$

と座標の成分で表すことができる．また，ベクトルの大きさは矢印の長さであり，絶対値を付けて $|\boldsymbol{a}|$ と表す．これは座標平面上で考えると，いわゆる三平方の定理を使えば求められ，例えば

$$|\boldsymbol{a}|=\sqrt{1^2+2^2}=\sqrt{5}$$

と計算することができる．また，成分を用いると合成や分解もしやすくなる．さらに，扱うベクトルの数が多くなると，合成や分解を図示で行うのは困難となり，一般的には成分を用いて計算すると便利である．成分を用いて計算する際は同じ成分どうしの足し算・引き算を行う．

### 単位ベクトル

ベクトルを用いることで，様々な力を表すことができる．なお，大きさが 1 で方向が $x$ 軸方向や $y$ 軸方向を向いている特別なベクトルを考えておくと，非常に便利である．これらは単位ベクトルといわれ，$\boldsymbol{e}_x=(1,0)$ や $\boldsymbol{e}_y=(0,1)$ と表す．

単位ベクトルは，その他のベクトルを表す際に非常に便利である．例えば，$\boldsymbol{b}=(2,3)$ というベクトルは，$\boldsymbol{b}=2\boldsymbol{e}_x+3\boldsymbol{e}_y$ と表すことができる．

ではなぜ，このような単位ベクトルを用いた書き方をするのかというのは，本書よりも

う少し詳しい力学の本へ進むとわかるが，多数のベクトルの合成を考えたり，座標を変換したりする場合に活躍する．$\boldsymbol{e}_x \perp \boldsymbol{e}_y$ であることもキーポイントである．なお $\boldsymbol{e}_x, \boldsymbol{e}_y$ を $\boldsymbol{i}, \boldsymbol{j}$ と表記することもある．

### ■内積■

ベクトルの性質として，垂直に交わるベクトルの内積をとるとゼロになる．

$$\boldsymbol{a} \perp \boldsymbol{b} \text{ であれば，} \boldsymbol{a} \cdot \boldsymbol{b} = 0$$

例えば $\boldsymbol{e}_x$ と $\boldsymbol{e}_y$ を考えると，この 2 つが垂直であることは図示すると明らかであるが，成分計算でも明らかである ($\boldsymbol{e}_x \cdot \boldsymbol{e}_y = 1 \cdot 0 + 0 \cdot 1 = 0$)．このように直交している 2 つのベクトルは内積がゼロとなるが，逆に内積を計算してゼロとなる 2 つベクトルは直交していることがわかる．

### ■外積■

高校数学では内積を学習するが，なぜ「内積」というのか疑問に思った読者も多いのではないだろうか．特に，内積という「掛け算」を必ず「·」で表すことを不思議に思った読者も多いだろう．ベクトルは普通の数ではないため，「掛け算」も扱い方が違い，「外積」という「掛け算」も存在する．外積では「×」という記号を使い，$\boldsymbol{a} \times \boldsymbol{b}$ のように書く．内積をとると普通の数 (スカラー) となるが，外積は計算するとベクトルとなることに注意する．外積は角運動量などを扱う際に便利である．

**例題 2.1　ベクトルと成分表示，単位ベクトル**

単位ベクトルを用いて表されたベクトルを，成分表示し図示せよ．ただし，$\boldsymbol{i} = (1, 0)$, $\boldsymbol{j} = (0, 1)$ とする．

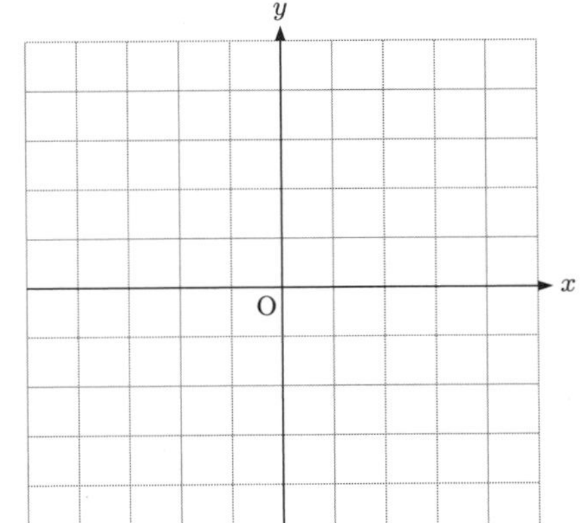


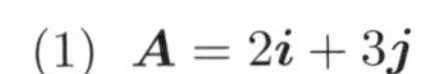

(1) $\boldsymbol{A} = 2\boldsymbol{i} + 3\boldsymbol{j}$

(2) $\boldsymbol{B} = -3\boldsymbol{i} + 2\boldsymbol{j}$

(3) $\boldsymbol{C} = \boldsymbol{i} - 3\boldsymbol{j}$

(4) $\boldsymbol{A} + \boldsymbol{C}$

(5) $\boldsymbol{B} + \boldsymbol{C}$

(6) $\boldsymbol{A} + \boldsymbol{B}$

MEMO

## 演 習 問 題

***2.1*** ベクトル $\boldsymbol{A} = \sqrt{3}\boldsymbol{i} + \boldsymbol{j}$ について，その大きさと $x$ 軸の正の向きとのなす角を求めよ．

***2.2***

(1) 右の $xy$ 平面に

$$\boldsymbol{F} = (2, -1)$$

と成分表示されるベクトルをかけ．

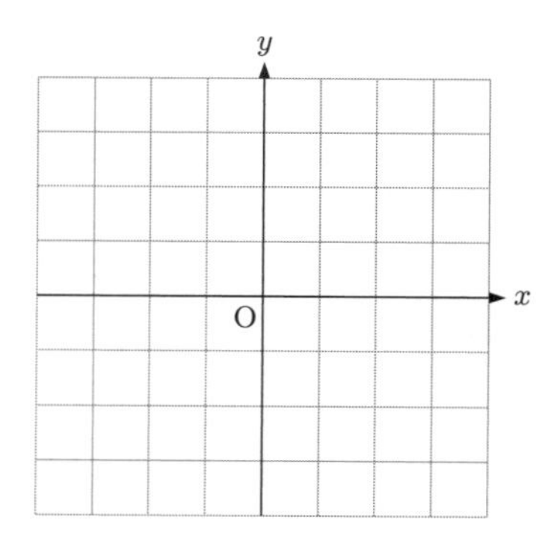


(2) 右図の $\boldsymbol{F}_1$ と $\boldsymbol{F}_2$ に対して，

(i) $\boldsymbol{F}_1 + \boldsymbol{F}_2$ を計算し成分表示せよ．

(ii) $\boldsymbol{F}_1 + \boldsymbol{F}_2$ を図にかき込め．

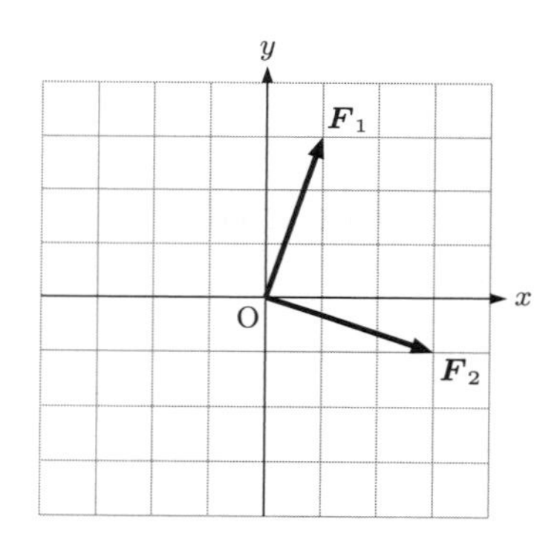

# 運動の表し方

## 速さと速度

単位時間あたりの移動距離のことを速さという．

$$\text{速さ} = \frac{\text{移動距離}}{\text{経過時間}}$$

一般的には距離の単位に [m] (メートル)，時間の単位に [s] (秒) を用いて計算するので，速さの単位は [m/s] (メートル毎秒) になる．

速さと運動の向きの両方の情報を含んでいるのが速度である．速度を求める際には，物体の位置の変化量を表す変位を用いる．変位は移動した向きの情報を含んだ量であるため，正負の区別がある．速度の単位も速さの場合と同様に [m/s] となる．

$$\text{速度} = \frac{\text{変位}}{\text{経過時間}}$$

一般的に，速度は $v$，変位は $x$，経過時間は $t$ で表される．これらを使って書き換えると，

$$v = \frac{x}{t} \quad \text{また} \quad x = vt.$$

## 平均の速さと瞬間の速さ

ある車が 10 秒かけて 100 m 進んだときの平均の速さは，

$$\frac{100\,\mathrm{m}}{10\,\mathrm{s}} = 10\,\mathrm{m/s}$$

となる．実際には，車の速さは一定ではなく，スピードメーターが示す値は刻一刻と変化している．この短い時間あたりの速さのことを瞬間の速さという．

## 平均の速度と瞬間の速度

上で述べた考え方と同様に，途中の速度変化を考えず，変位を経過時間で割ったものを平均の速度，短い時間における速度のことを瞬間の速度という．時間 $\Delta t$ の間の変位を $\Delta x$ とすると，

$$\text{平均の速度：} \overline{v} = \frac{x_\mathrm{f} - x_\mathrm{i}}{t_\mathrm{f} - t_\mathrm{i}} = \frac{\Delta x}{\Delta t} \qquad \text{瞬間の速度：} v = \lim_{\Delta t \to 0} \frac{\Delta x}{\Delta t} = \frac{\mathrm{d}x}{\mathrm{d}t}.$$

ここで $x_\mathrm{i}, x_\mathrm{f}$ は移動前の位置と移動後の位置，$t_\mathrm{i}, t_\mathrm{f}$ はそれぞれ $x_\mathrm{i}, x_\mathrm{f}$ にいたときの時刻である．

### ■速度と加速度■

単位時間あたりの速度の変化量を加速度という．一般的に加速度は $a$ で表される．

$$a = \frac{v_\mathrm{f} - v_\mathrm{i}}{t_\mathrm{f} - t_\mathrm{i}} = \frac{\Delta v}{\Delta t}$$

$v_\mathrm{i}, v_\mathrm{f}$ は始めと終わりの速度，$t_\mathrm{i}, t_\mathrm{f}$ はそのときの時刻である．一般的には速度の単位に [m/s]，時間の単位に [s] を用いるので，加速度の単位は $[(\mathrm{m/s})/\mathrm{s}] = [\mathrm{m/s^2}]$ (メートル毎秒毎秒) となる．

### ■位置 (変位) と速度，加速度のグラフ■

物体の位置・速度・加速度と時間の関係はグラフを使って表せる．横軸に時間をとり，縦軸に位置をとったもの ($x$-$t$ グラフ)，縦軸に速度をとったもの ($v$-$t$ グラフ)，縦軸に加速度をとったもの ($a$-$t$ グラフ) がある．

- $x$-$t$ グラフ
  横軸に時間をとり，縦軸に位置をとったもの．グラフの傾きは速度に対応する．時刻 0 における位置からの移動のみを考え，縦軸に変位をとることもある．
- $v$-$t$ グラフ
  横軸に時間をとり，縦軸に速度をとったもの．グラフの傾きは加速度に対応する．また $t$ 軸とグラフで囲まれる符号付き面積は変位に対応する．
- $a$-$t$ グラフ
  横軸に時間をとり，縦軸に加速度をとったもの．$t$ 軸とグラフで囲まれる符号付き面積が速度に対応する．

### ■等速直線運動■

速度が時間に依存して変化しない (＝加速度が 0) 場合，ある時刻 $t$ における位置・速度・加速度の関係は以下のようになる．

位　置：　$x = x_0 + vt$
速　度：　$v = v_0$ (一定)
加速度：　$a = 0$

$x_0$ は時刻が 0 のときの位置である．

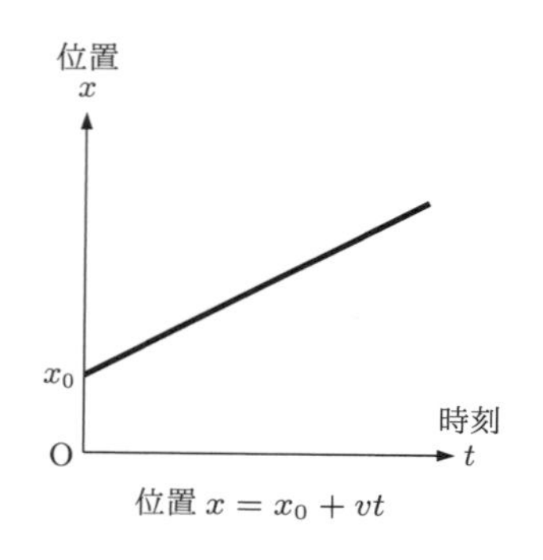

位置 $x = x_0 + vt$

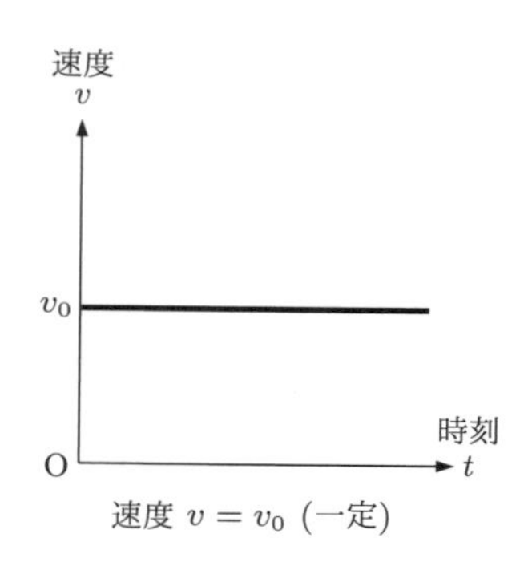

速度 $v = v_0$ (一定)

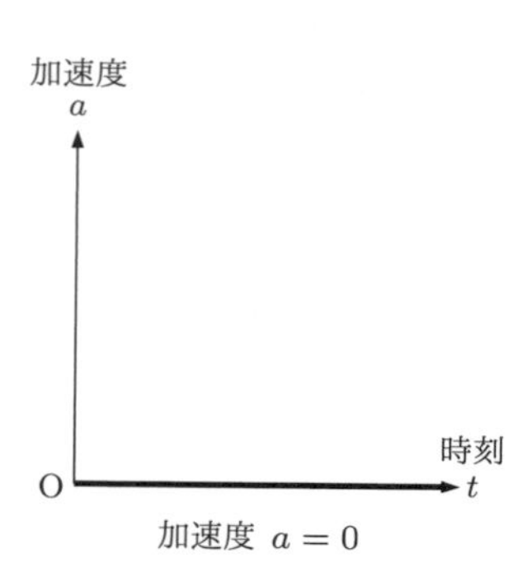

加速度 $a = 0$

### 等加速度直線運動

加速度が時間に依存して変化しない場合，ある時刻 $t$ における位置・速度・加速度の関係は以下のようになる．

$$\begin{aligned} &\text{位　置：}\quad x = x_0 + v_0 t + \frac{1}{2}at^2 \\ &\text{速　度：}\quad v = v_0 + at \\ &\text{加速度：}\quad a = a_0\ (\text{一定}) \end{aligned}$$

$x_0, v_0, a_0$ はそれぞれ時刻が 0 のときの位置，速度，加速度である．

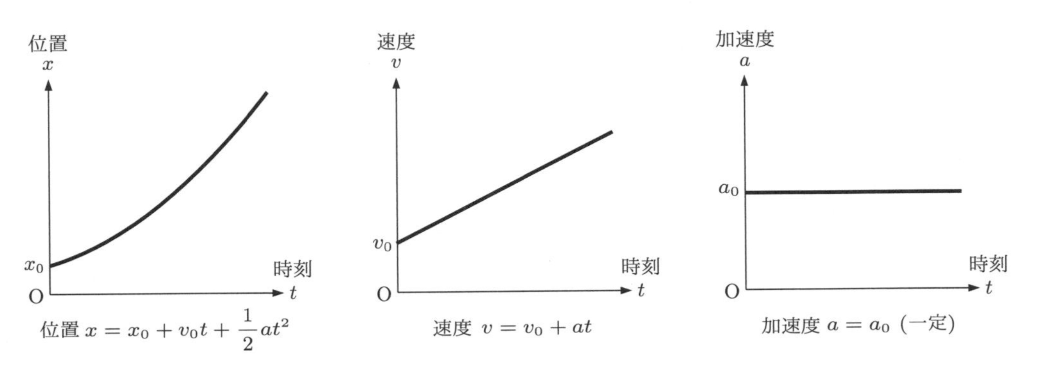


また覚えておくと便利な公式として，以下のものがある．

$$v^2 - {v_0}^2 = 2a_0 \Delta x$$

### 位置 (変位) と速度，加速度の関係

- 速度・加速度と微分

　速度は位置 (変位) のグラフの傾きである．時刻 $t$ と $t + \Delta t$ 間の微小時間におけるグラフの傾きを求めることは，時刻の関数である位置 (変位) を時間で微分することと同義であるから，位置 (変位) を時間微分すれば速度が求まる．同様に，加速度も速度を時間微分すれば求められる．

　位置 $x$ を時間 $t$ で微分したものは $\dfrac{\mathrm{d}x}{\mathrm{d}t}$ と書かれるが，物理学ではドットを用いて，位置の時間微分である速度を $\dot{x}$ のように表す場合がある．ドットの個数は微分の階数を示しており，例えば位置を時間で 2 階微分したものである加速度は $a = \dfrac{\mathrm{d}}{\mathrm{d}t}\left(\dfrac{\mathrm{d}x}{\mathrm{d}t}\right) = \ddot{x}$ と表される．

- 変位・速度と積分

　変位は速度のグラフにおいて，グラフと $t$ 軸で囲まれる部分の面積である．時刻 $t$ において速度 $v$ で運動している物体の，時刻 $t$ と $t + \Delta t$ 間の微小時間における変位は $v\Delta t$ になる．時刻 $t_\mathrm{i}$ から $t_\mathrm{f}$ までの間に進む距離を求めることは，ある時刻 $t$ と $t + \Delta t$ 間の微小時間における変位 $v\Delta t$ を足し合わせていくことであり，これは速度を時間で積分する

ことと同義である.

$$\Delta x = \int_{t_\mathrm{i}}^{t_\mathrm{f}} v \, \mathrm{d}t$$

これは変位なので，位置を表す場合には初期位置 $x_0$ に変位を加えて以下のようになる.

$$x = x_0 + \int_{t_\mathrm{i}}^{t_\mathrm{f}} v \, \mathrm{d}t$$

加速度と速度の間にも同様の関係が成り立つ.

- 位置・速度・加速度の関係

| | | |
|---|---|---|
| 位　置 | — | $x = x_0 + \int_{t_\mathrm{i}}^{t_\mathrm{f}} v \, \mathrm{d}t$ |
| 速　度 | $v = \dfrac{\mathrm{d}x}{\mathrm{d}t}$ | $v = v_0 + \int_{t_\mathrm{i}}^{t_\mathrm{f}} a \, \mathrm{d}t$ |
| 加速度 | $a = \dfrac{\mathrm{d}v}{\mathrm{d}t} = \dfrac{\mathrm{d}}{\mathrm{d}t}\left(\dfrac{\mathrm{d}x}{\mathrm{d}t}\right)$ | — |

### 例題 3.1　速さと速度，位置と時間の関係

**1.** 次の問いに答えよ．

(1) 20分間で10 km移動したときの平均の速さを求めよ．

(2) 時速50 kmで30分走ると何km進むか求めよ．

(3) 秒速15 mの風が60 m移動するのにかかる時間を求めよ．

**2.** 次の速さの単位を変換せよ．

(1) 時速100 kmは何m/sか．

(2) 秒速30 mは時速何kmか．

**3.** 次のグラフは直線上を運動するある物体の位置と時間の関係を表している．これに対応する速度と時間のグラフをかけ．

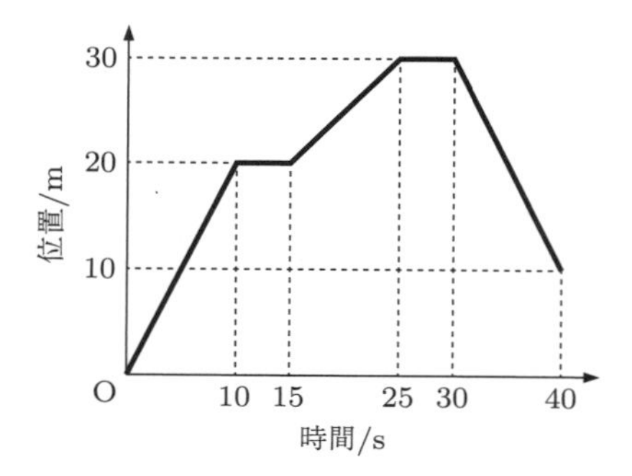


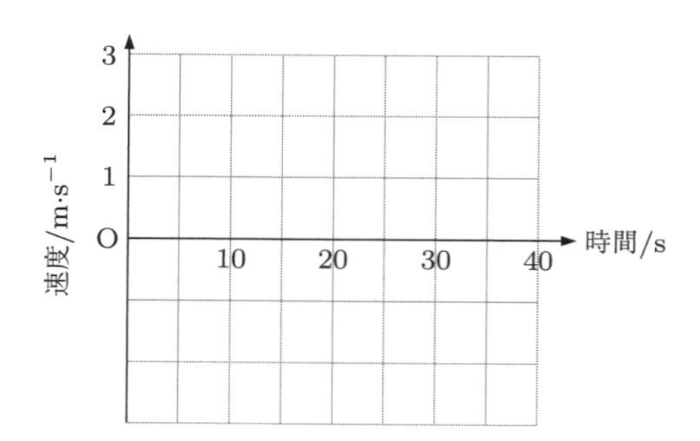


MEMO

## 演習問題

***3.1*** 直線運動であることを前提に以下の問いに答えよ．

(1) 物体が 4.0 秒間に 16.0 m 移動した．このときの平均の速度 (秒速) を求めよ．

(2) 台車が一定の速度で移動を続け，5 分間に 3.6 km 移動した．このときの平均の速度 (秒速) を求めよ．

(3) 36 km を 4.5 m/s で移動すると何時間を要するか．

### 例題 3.2 位置，速度，加速度

**1.** 次のグラフは直線上を運動するある物体の速度と時間の関係を表している．これに対応する位置と時間のグラフをかけ．ただし，物体のはじめの位置は 0 m とする．

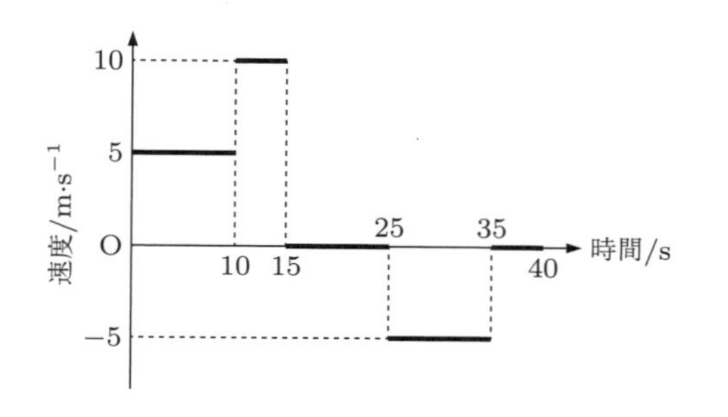


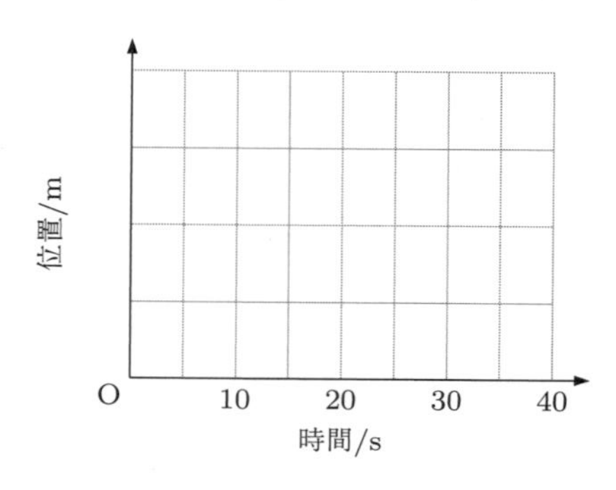


**2.** 次の各場合の加速度を求めよ．ただし，右向きを正とする．

(1) はじめ右向き 15 m/s で，10 秒後に右向き 20 m/s.

(2) はじめ右向き 5 m/s で，20 秒後に静止.

(3) はじめ左向き 3 m/s で，15 秒後に右向き 7 m/s.

MEMO

## 演習問題

*3.2*　直線運動であることを前提に以下の問いに答えよ．特に指定がない場合，SI 単位で解答すること．

(1) ある方向に 2.0 m/s で移動していた物体の速度が，7.0 秒後に 19.5 m/s になった．このときの加速度を求めよ．

(2) 静止していた車が，走りはじめて 3.5 秒で 100 km/h に達した．このときの加速度を求めよ．

(3) 82 km/h で走行していた車が，4.5 秒で 10 km/h まで減速した．このときの加速度を求めよ．

(4) 4.0 m/s で走行していた列車が，3.5 m/s$^2$ で 20 秒間加速した．速度は何 km/h になるか．

(5) 自転車が 19.8 km/h で走行していた．2.0 秒で 8.28 km/h になるように減速したい．必要な加速度を求めよ．

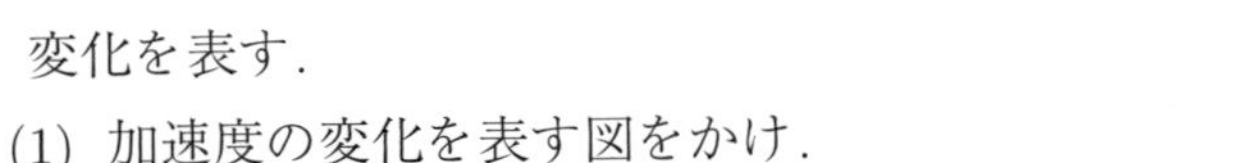
*3.3*　右図は電車が A 駅から B 駅まで走るときの速度の変化を表す．

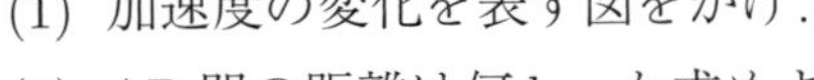
(1) 加速度の変化を表す図をかけ．

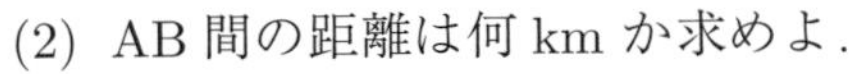
(2) AB 間の距離は何 km か求めよ．

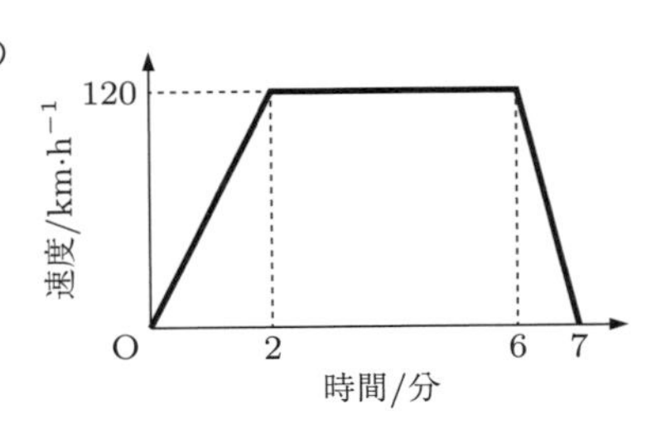


*3.4*　直線上を運動する物体の位置 $x$ が時間 $t$ の関数として $x = x_0 + v_0t^2 + \dfrac{1}{2}a_0t^3$ と表されるとき，次の問いに答えよ．ただし，$x_0, v_0, a_0$ は定数とする．

(1) 物体の速度 $v$ を時間 $t$ の関数として表せ．

(2) 物体の加速度 $a$ を時間 $t$ の関数として表せ．

**3.5** 右図は直線運動する物体の距離と時間の関係をグラフにしたものである.

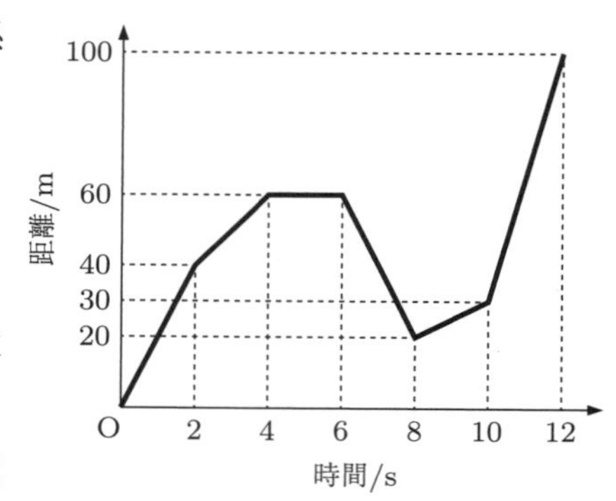


(1) $t=0$〜12 秒の平均速度を求めよ.

(2) $t=4$〜6 秒で物体はどのような状態か.

(3) 物体が負の方向に進んでいる区間を時刻を用いて答えよ. また, そのときの速度を求めよ.

(4) $t=2$〜12 秒の平均速度は (1) で求めた速度より速いか遅いかは計算しなくともわかる. どのように考えればよいかを説明し結論を導け.

**例題 3.3　速度，加速度**

**1.** 直線上を運動する物体の速度が時間 $t$ の関数 $v = v_0 t + \frac{1}{2} a_0 t^2$ と表されるとき，次の問いに答えよ．ただし，$v_0, a_0$ は定数とする．

(1) 物体の加速度 $a$ を時間 $t$ の関数として表せ．

(2) 物体の位置 $x$ を時間 $t$ の関数として表せ．ただし $t = 0$ における位置は $x\,(t = 0) = x_0$ とする．

**2.** 次の問いに答えよ．

(1) 自動車が急発進して 20 秒後に時速 100 km になった．このときの加速度は何 km/h/s か求めよ．

(2) (1) の加速度を $\mathrm{m/s^2}$ に変換せよ．

(3) その後，急ブレーキをかけて 15 秒後に止まった．このときの加速度は何 $\mathrm{m/s^2}$ か求めよ．

MEMO

## 演習問題

***3.6***　静止している模型の車が $1.5\,\mathrm{m/s^2}$ の等加速度で走りはじめた．直線運動であることを前提とし，以下の問いに答えよ．

(1)　6.0 秒後の速度を求めよ．

(2)　この 6.0 秒での移動距離を求めよ．

***3.7***　90.0 km/h で走行している列車が 8.0 秒間一定のペースで減速を行い，36 km/h まで速度を落とした．

(1)　この 8.0 秒間の加速度を求めよ．

(2)　この 8.0 秒での移動距離を求めよ．

# 運動の三法則

**第一法則 (慣性の法則):「外力の作用を受けない限り，運動状態は変化しない」**

“外力の作用を受けない (外から力を受けていない)” ならば，静止しているものは静止し続け，(等速直線) 運動している物体はその運動をし続ける．運動におけるこの性質を「慣性」とよぶ．

慣性の法則は，すべての物体の動きの基本であり，①静止しているものは勝手に動き出さないし，②動いているものは勝手に止まらないと主張している．①は当然としても，②については日常生活の感覚からは，やや違和感を覚えるかもしれない．我々はボールを転がしたとき，普通はどこかで止まることを経験しているからだ．この違和感の理由は日常生活で目にする物体の動きには摩擦力という力が多かれ少なかれ存在することで説明できる.運動の第一法則は「外力の作用を受けない限り」という但し書きがあることを忘れてはいけない．

**第二法則 (運動の法則):「力は運動方程式で決まる」**

力 ($\boldsymbol{F}$) とは質量 ($m$) と加速度 ($\boldsymbol{a}$) の積である．これを数式で表すと

$$\boldsymbol{F} = m\boldsymbol{a}$$

となる．これを「運動方程式」とよぶ．

運動方程式から力の次元は $\mathsf{MLT}^{-2}$ であり，力の単位は $[\mathrm{kg \cdot m/s^2}]$ となるが，これを略して [N] (ニュートン) と書く．すなわち 1 N の力の大きさとは 1 kg の物体に $1\,\mathrm{m/s^2}$ の加速度を与えたときに生じる力の大きさである．

運動方程式を解釈すると,「力を受けると物体は力の方向に加速度を生じ」,「加速度が生じると物体は加速度の方向に力を受けている」ことがわかる．また,「一定の大きさの力がはたらいているときには，質量と加速度の大きさは反比例する」ことがわかる．日常生活において，同じ大きさの力をかけたとき，軽い物体は動きやすいが，重い物体は動きにくいという当然の経験を運動方程式は説明してくれるのだ．ということは，運動方程式は「質量とは何か」ということを教えてくれているともいえる．つまり，質量とは運動状態の変化の「しにくさ」や「しやすさ」を表しているということである．質量が大きいほど運動状態は変化しにくい (動きにくい) のである．これをさらに言い換えると，質量とは「慣性の大小」を表す指標であるともいえる．

## 第三法則：作用反作用の法則

2 つの物体 A と B があるとき，物体 A が物体 B に力をおよぼせば，物体 B も物体 A に同じ大きさで反対向きに力をおよぼす．つまり，力は必ず反対方向のもう 1 つの力とペア (対) になっている．片方を作用とよべば，もう片方を反作用とよぶ．

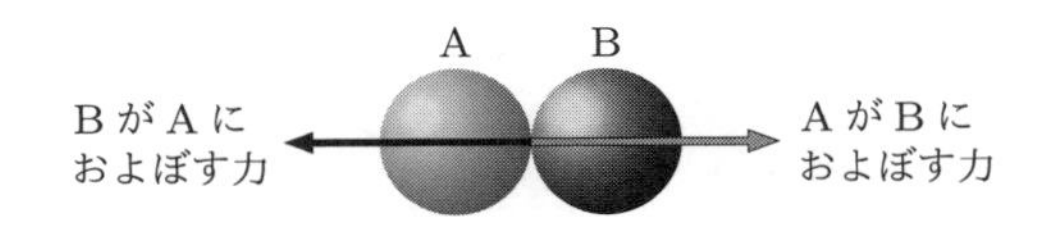


## 力のつり合い

1 つの物体に複数の力がはたらいているにもかかわらず，物体が静止 (または等速直線運動) しているとき，「力はつり合っている」という．言い換えると，物体にかかる複数の力の合力がゼロである場合に「力のつり合い」が生じて物体は静止 (または等速直線運動) する．

注意：机の上で静止している物体の力のつり合い

机の上の物体は鉛直下向きに重力を受けて地球に引っ張られているが，重力と同じ大きさをもつ鉛直上向きの力を机から受けているため，机の表面で静止している．この力を垂直抗力とよぶ．このとき，重力と垂直抗力は「つり合い」の関係にある力であり，作用と反作用の関係ではないことに注意しよう．重力は「地球が物体を引く力」であるから，その反作用は「物体が地球を引く力」であり，これは垂直抗力ではない．

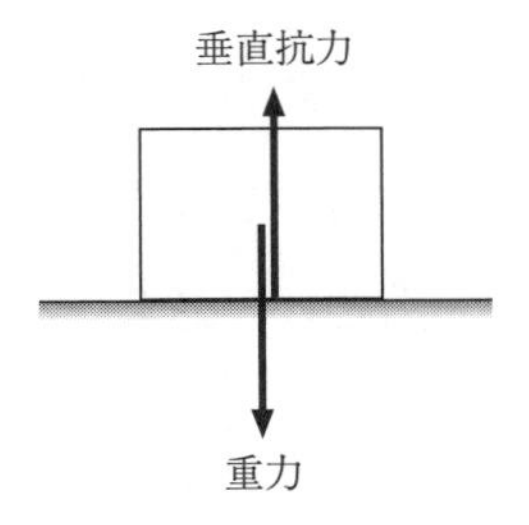

**例題 4.1 運動の三法則**

「運動の三法則」についてまとめよう．

**1.** 「運動の第一法則」は別の言い方では ① ____ の法則ともよばれる．言葉でかけば，物体は外力を受けない限り，静止している物体は ② ____ しつづけ，また，運動している物体は ③ ____ しつづける．

**2.** 「運動の第二法則」の意味するところは，力は ④ ____ で決まるということである．力を $\boldsymbol{F}$，質量を $m$，加速度を $\boldsymbol{a}$ とし，これを式でかくと ⑤ ____ となる．すなわち，力を受けると物体は力の方向に ⑥ ____ を生じ，逆に，加速度が生じると物体は加速度の方向に ⑦ ____ を受ける．力の単位は ⑧ ____ で表される．⑤式より力 [N] = 質量 [kg]× 加速度 [⑨ ____] だから，力の単位⑧は kg, m, s を使うと，⑩ ____ となる．

**3.** 「運動の第三法則」は，⑪ ____ の法則ともよばれる．すなわち，物体に力をおよぼせば，必ず，反対向きの力を物体から受ける．別の言い方をすれば，力とは，必ず，方向が ⑫ ____ で，大きさが ⑬ ____ もうひとつの力とペアになっているともいえる．

MEMO

## 演習問題

*4.1*

(1) 質量 5.0 kg の物体を力 10.0 N で押したときの加速度を求めよ．

(2) 質量 300 g の物体を力 1 N で引いたときの加速度の大きさを求めよ．

(3) 質量 1.0 kg の物体に 9.8 $m/s^2$ の加速度が生じたとき，物体が受ける力の大きさを求めよ．

(4) 100.0 g の質量をもつ物体が，地球上で受ける重力の大きさを求めよ．

(5) 力が一定の大きさである場合，物体の質量が 2 倍になると，加速度は何倍となるか．

(6) 水平な机の上に置いてある物体は地球による引力を受けている．すなわち，重力とは「地球が物体を引く力」である．では，重力の反作用は何か．

*4.2*　次の (1) から (6) の記述は，ニュートンの運動に関する 3 つの法則のいずれに最も関連が深いか．第一，二，三法則の数字で答えること．

(1) 壁をおもいっきり殴ったら手を怪我した．

(2) 自転車を漕ぐとき，より強い力を出せばより速く進む．

(3) 静止している電車が動き出すと，乗車している人の体は進行方向と逆向きに動こうとする．

(4) 重いボールほど，投げるときにより大きな力が必要になる．

(5) 硬い床の上を歩いているとき，足は床にめり込まない．

(6) 車は急に止まれない．

***4.3*** 右の表は太陽系内の固体天体表面における重力加速度の大きさをまとめたものである．

| | $g$ [m/s$^2$] |
|---|---|
| 地球 | 9.8 |
| 月 | 1.6 |
| 火星 | 3.6 |
| 金星 | 8.9 |

(1) それぞれの天体表面で質量 5.0 kg の物体にかかる重力を求めよ．

(i) 地球上

(ii) 月面上

(iii) 火星上

(iv) 金星上

(2) 質量 2.0 kg の物体にかかる重力を測ると 7.2 N であった．測定場所はどの天体表面か．

***4.4*** 次の文の [　　] に適当な文字を入れよ．

質量 $M$ のエレベーターに質量 $m$ の人が乗っている．重力加速度の大きさを $g$ として，エレベーターが静止しているとき，

(1) 人がエレベーターから受ける力は [　　] 向きに大きさ [　　].

(2) エレベーターが人から受ける力は [　　] 向きに大きさ [　　].

(3) ワイヤーがエレベーターを鉛直上向きに引く張力の大きさは [　　].

# 5 力と運動

第 4 章の運動の法則により，力がはたらくと物体が運動をはじめることがわかった．しかし物体を上に引き上げたり，横に引っ張ったりする際には，力のはたらき方や運動の仕方は異なる．この章では具体的な力のはたらき方や運動の様子を学習する．

## 力のはたらき方

ある物体が机の上においてある状況を考えてみよう．重力がはたらいていることはすぐにわかると思う．しかし運動方程式を考えてみると，力により加速度が生じるはずであり，このままでは物体は机の下の方向に運動をはじめなければならない．つまり机を破壊してしまいそうだが，普通は日常でそのようなことは起こらない．これは，机から物体の重力を支える力がはたらいており (これを抗力という)，重力と「つり合って」物体は静止しているためである．このように，物体が単純に置いてある現象でも，力のはたらき方はしっかりと考える必要がある．

## はたらく力の書き出し

物理の問題では，物体にはたらく力をすべて図示することが肝要である．運動方程式 $m\boldsymbol{a} = \boldsymbol{F}$ の $\boldsymbol{F}$ は合力である．この「すべての力の書き出し」ができていれば，運動方程式はできたも同然である (後はどうやって解いていくかという数学の問題となる)．逆にいえば，「はたらく力の書き出し」ができていないと，間違った運動方程式を立てることになり，問題が解けなくなったり間違った答えを出してしまったりする．まずは，しっかりとはたらく力を書き出すようにする．

## 内力

並んで置いてある 2 つの物体のうち，1 つを押すと 2 つとも動き出す．当たり前の現象だが，運動方程式を思い出すと，力がはたらく物体だけが動き出すはずであるから，手で押していない物体は何かに押されたことになる．これは，手で押した物体がもう一方の物体を押したと理解できるが，実は作用・反作用の法則により，物体どうしで力をおよぼし合っている．これを「内力」という．2 つとも一緒になって運動をする (もう一方が勝手な運動はしない) ときは，この内力がはたらいている．

### ■斜面上の物体■

斜面に沿った運動を扱う場合は，重力はそのままだと扱いにくいので，斜面方向と斜面に垂直な方向の 2 つの方向に分けると考えやすい．水平面と斜面とのなす角度を $\theta$ とすると，質量 $m$ の物体にはたらく重力の斜面方向の分力は $mg\sin\theta$，斜面と垂直な方向の分力は $mg\cos\theta$ となる．この 2 つはよく混同してしまうが，その場合は極端なケースでチェックするとよい．例えば，斜面の角度が 90° となる場合 (つまり坂というより壁) などである．この場合，斜面方向 (壁方向) の重力成分は，重力そのものとなることは容易にわかる ($\sin 90^\circ = 1$)．もし斜面方向を $mg\cos\theta$ と「勘違い」していた場合は，$\cos 90^\circ = 0$ であるから斜面方向 (壁方向) の重力成分がゼロとなってしまう．つまり物体は宙に浮いていることになり，現象と反することになるので，すぐに「勘違い」に気づくことができる．

### ■弾性力■

弾性力として最もわかりやすい例は，ばねが物体を押す (引く) 力である．自然長からの伸び (縮み) によって力の大きさが変わることに注意する．ばねの振動など，元に戻ろうとする力は特に復元力ともいう．フックの法則 $F = -kx$ ($F$ : 力，$k$ : ばね定数，$x$ : 変位) のマイナス記号は，単についているだけの印象として受け取られがちであるが，非常に重要な意味を持っている．これは変位 $x$ に対する $F$ の振る舞いを考えるとよくわかる．つまり，$x > 0$ であれば $F < 0$ となり，$x < 0$ であれば $F > 0$ となることを意味しており，変位に対して力が「必ず逆方向」となることを示している．まさに「復元」しようとする力なのである．

### ■滑車■

滑車は力の方向を変えることができる便利な道具である．糸やひもにはたらいている力を張力といい，物理の問題ではこの張力をしっかりと考える必要がある．特に，「ピンと張った」ということは重要である．もし糸やひもが「ピンと」張っていなければ，張力がはたらいていないことを意味し，糸を介して何も力がはたらいていないことになる．

滑車はこの糸やひもの方向 (つまり張力の方向) を上手く変えることができる便利な道具である．基本的な問題の場合には，糸やひも，滑車自身の質量は無視 (「軽い糸」「軽い滑車」などという) し，その他の抗力 (摩擦や空気抵抗) などは影響がないとして扱う場合が多い．ただし，実際は滑車と糸との摩擦や滑車自身の運動 (剛体の運動) も関係してくる．

### 例題 5.1　力とベクトル 1

床の上に積まれた 2 物体 A, B には $\boldsymbol{a}$～$\boldsymbol{f}$ の力がはたらいている．力 $\boldsymbol{a}$～$\boldsymbol{f}$ は，何が何から受ける力か説明せよ．

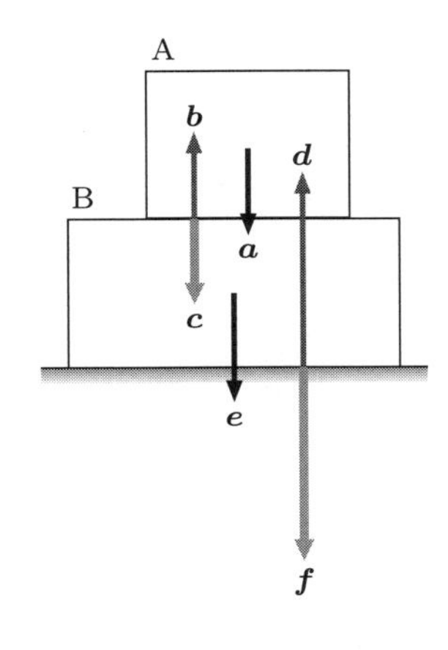


$\boldsymbol{a}$ ：

$\boldsymbol{b}$ ：

$\boldsymbol{c}$ ：

$\boldsymbol{d}$ ：

$\boldsymbol{e}$ ：

$\boldsymbol{f}$ ：

MEMO

## 演習問題

**5.1** なめらかな水平面上に置かれた質量 $m = 10\,\mathrm{kg}$ の物体を，水平方向に $F = 15\,\mathrm{N}$ の力で右の方向へ引く．このとき以下の問いに答えよ．重力加速度 $g$ の大きさは $9.8\,\mathrm{m/s^2}$ とする．

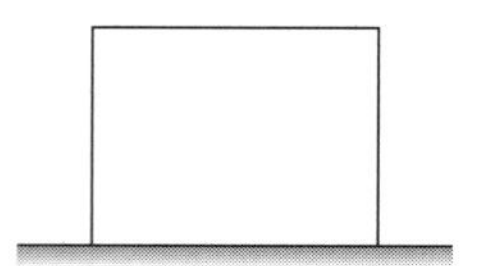

(1) 垂直抗力を $\boldsymbol{N}$ とし，物体にはたらく力をすべて図示せよ．

(2) 右に引っ張ると，物体は右へ動く．このときの加速度を $\boldsymbol{a}$ として，水平方向と鉛直方向の運動方程式をそれぞれかけ．

(3) 物体に生じた加速度 $\boldsymbol{a}$ および垂直抗力 $\boldsymbol{N}$ の大きさを求めよ．

**5.2** 図に示すように，なめらかな水平面上に物体 A (4.0 kg) と物体 B (2.0 kg) を接触した状態で静止して置いた．$F = 30\,\mathrm{N}$ の力で物体 A を押し続けるときを考える．

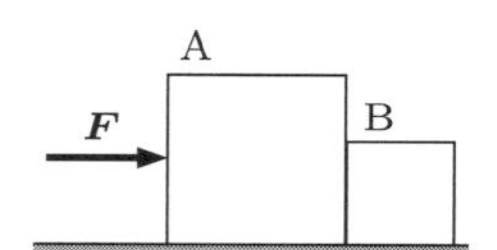


(1) 物体 A に生じる加速度の大きさ $a$ を求めよ．

(2) 物体 B が物体 A を押す力の大きさ $F_\mathrm{B}$ を求めよ．

**5.3** 天井から質量の無視できる軽いばねで物体をつり下げた．

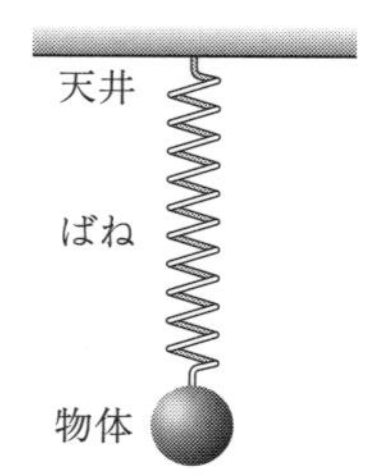


(1) 物体，ばね，天井にはたらく力をすべて図示し，何が何から受ける力か説明せよ．

(2) 作用・反作用の関係にある力のペアをすべて答えよ．

***5.4*** 図のように2つの物体A(質量3kg)とB(質量6kg)を糸でつなぎ，大きさ$F$の力で右向きに引く．この状況で以下の問いに答えよ．ただし糸の質量，床と物体の間の摩擦力は無視できるものとする．また右向きを正と考えよ．

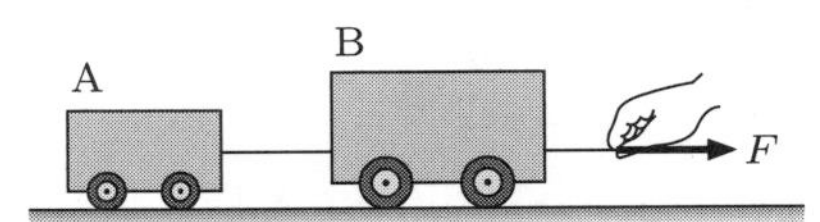


(1) 何らかのきっかけにより物体が動きはじめて，右向きに3.0 m/sの等速運動をしているとする．そのときの力の大きさ$F$と，BがAから受ける力の大きさ$f$を求めよ．

(2) 右向きに$a = 4\,\mathrm{m/s^2}$の等加速度運動をしている場合，力の大きさ$F$とBがAから受ける力の大きさ$f$を求めよ．

(3) 時刻0秒において速度0 m/sであった．そこから$F = 18\,\mathrm{N}$の力を10秒間加えたら，速度はいくらになるか．

**例題 5.2　力とベクトル—斜面上の物体**

図のようになめらかな斜面上に物体 (質量 5.0 kg) を置いた場合を考える．ただし，鉛直下向きには重力加速度 ($g = 9.8\,\mathrm{m/s^2}$) が存在する．

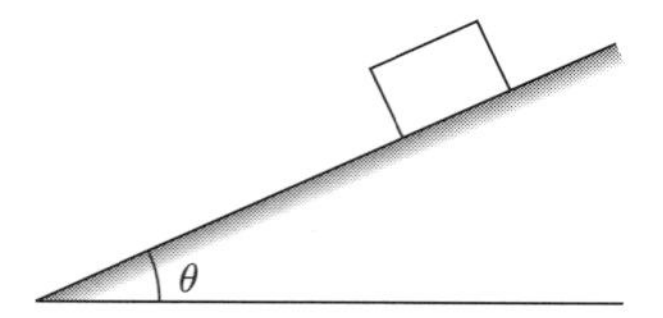


(1) 物体にはたらく重力 $\boldsymbol{F}_1$ を図中に示せ．

(2) 物体にはたらく重力 $\boldsymbol{F}_1$ の大きさは何 N になるか．

(3) 斜面に沿って物体にはたらく重力による力 $\boldsymbol{F}_2$ を図中に示せ．

(4) 上記の力のほかに物体にはたらく力があれば図中に示し，その大きさを求めよ．

MEMO

## 演習問題

***5.5*** 右図のように，摩擦のない長い斜面 (斜度 30°) の上から物体 (質量 10 kg) を滑り落とす．ただし，重力加速度の大きさは $9.8\,\mathrm{m/s^2}$ とする．

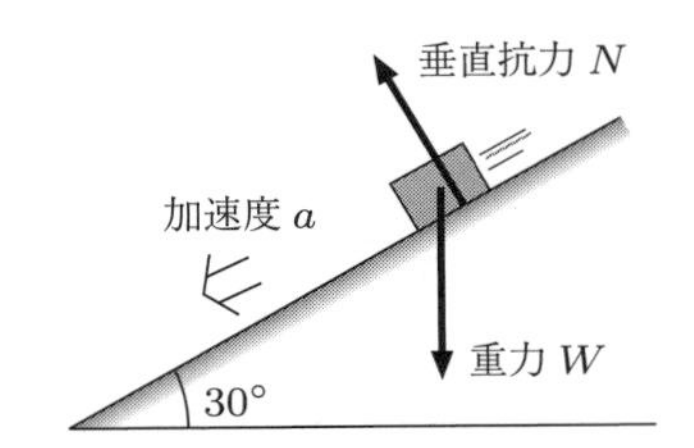


(1) 物体に生じる加速度 (向きは斜面に平行) の大きさを求めよ．

(2) 初速度 0 のとき，1.0 秒後の物体の速度を求めよ．

(3) この 1.0 秒間に進んだ距離を求めよ．

***5.6*** 摩擦のない斜面上に置いた物体を軽いばねで支える．

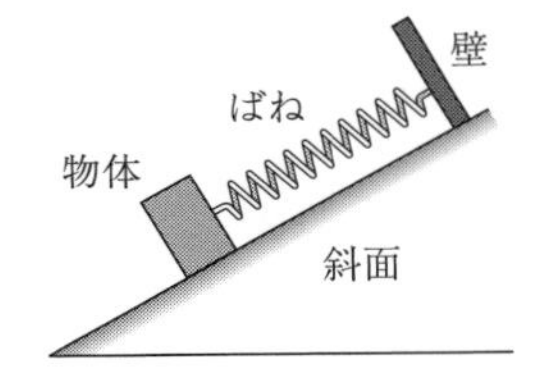


(1) 物体，ばね，斜面，壁にはたらく力をすべて図示し，何が何から受ける力か説明せよ．

(2) 作用・反作用の関係にある力のペアをすべて答えよ．

***5.7*** 右図のように，なめらかな板の上に質量 $W$ の物体 A をおき，これに糸をつないで板の上端にある滑車を通して他端に質量 $\dfrac{W}{2}$ の物体 B をつるした．板と鉛直線がなす角を $\theta$ としたとき，A と B がつり合った．このときの $\theta$ を求めよ．ただし，板と物体，糸と滑車の間の摩擦力は無視してよい．

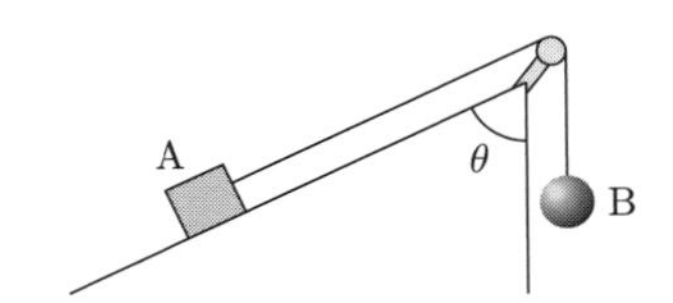

### 例題 5.3 力とベクトル 2

**1.** 次の各場合の合力の向きと大きさを求めよ．ただし，$F_1 = 10\,\mathrm{N}$, $F_2 = 5\,\mathrm{N}$, $F_3 = 3\,\mathrm{N}$ とする．

(1)

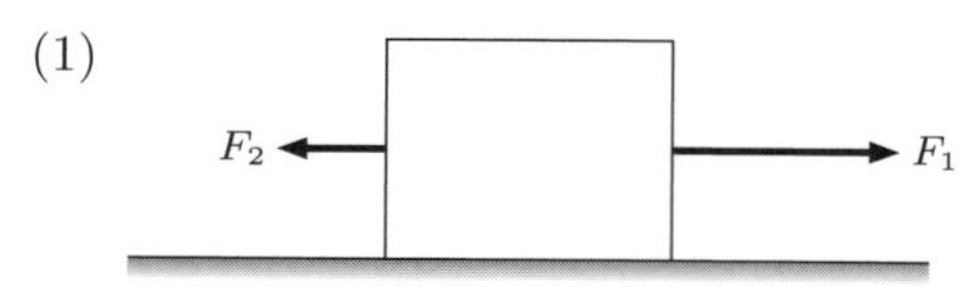


(2)

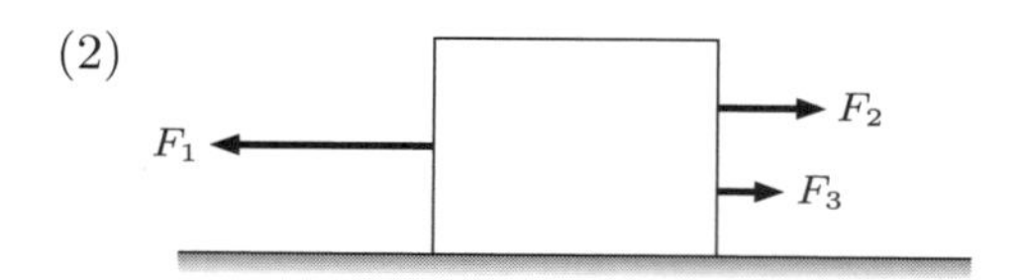


(3)

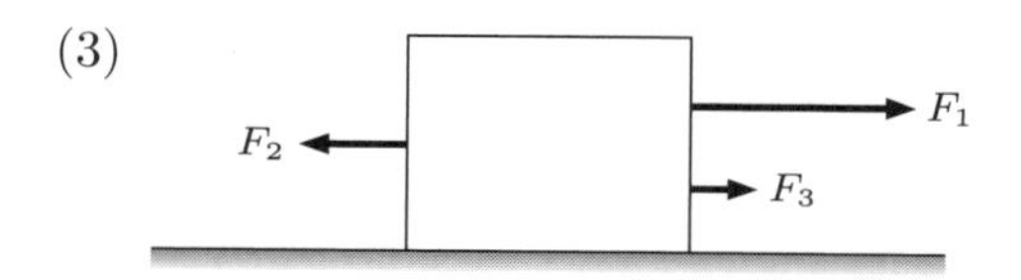


**2.** 次の各場合の合力を作図せよ．

(1)

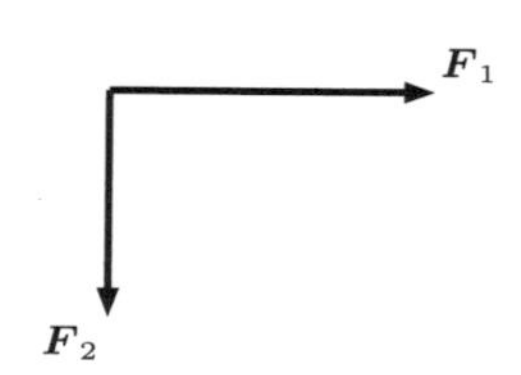

(2)

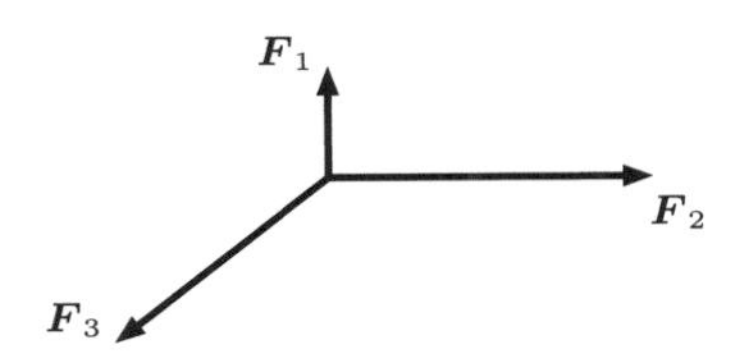


(3)

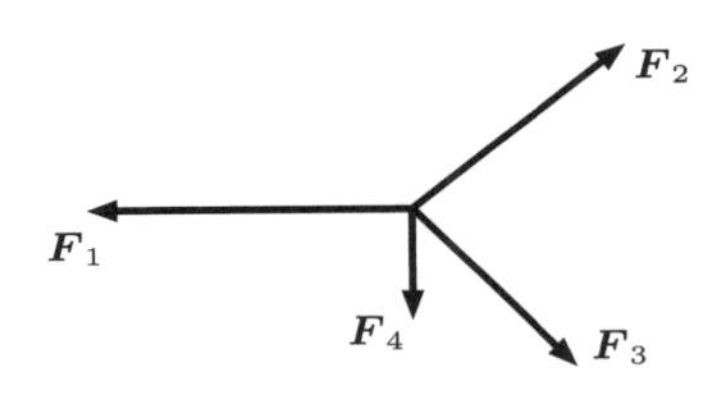


**3.** 次の各場合の点線の方向の分力を作図せよ．

(1)

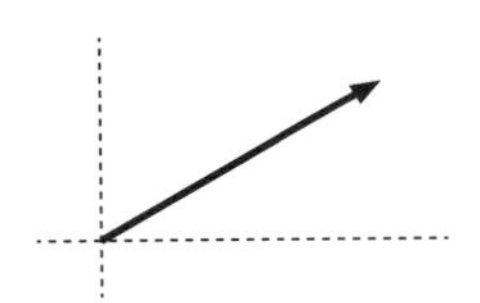

(2)

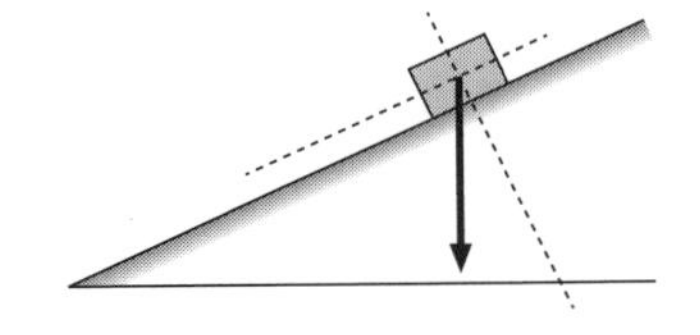

---

MEMO

## 演習問題

***5.8*** $\boldsymbol{F}_1 = (5, 2)$, $\boldsymbol{F}_2 = (-2, -3)$ のとき，$|\boldsymbol{F}_1 - \boldsymbol{F}_2|$ を計算せよ．

***5.9*** 右図の力 $\boldsymbol{F}_1$ の $x, y$ 成分を求めて成分表示せよ．$|\boldsymbol{F}_1| = 10\,\mathrm{N}$ とする．

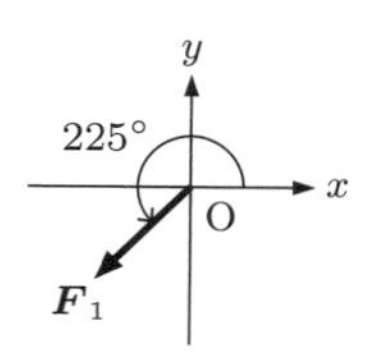


***5.10*** 物体に生じる加速度を $a$ として，以下の場合について各物体の運動方程式をかけ．運動の方向は (1), (2) では右を，(3), (4) では上を正とし，重力加速度の大きさを $g$ とする．

(1)

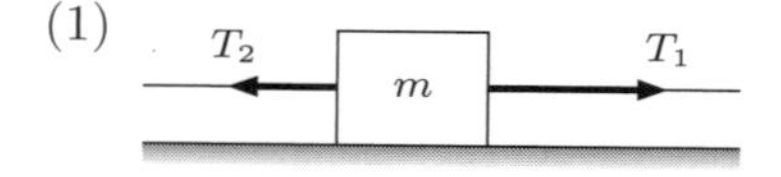


(2)

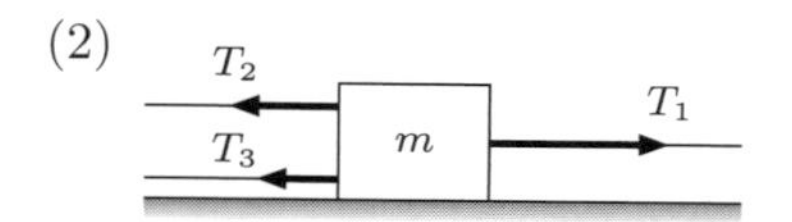

(3)

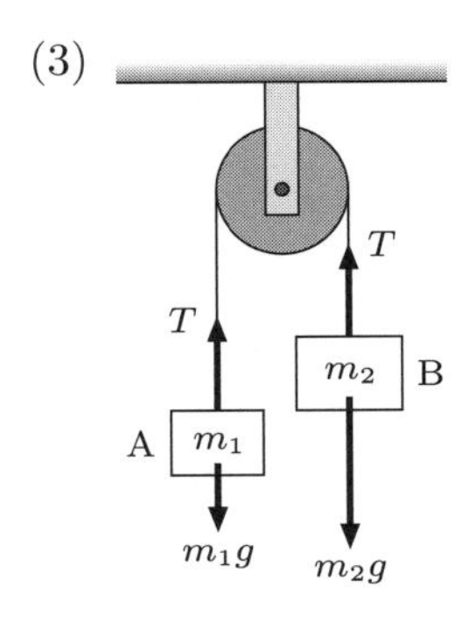


(4)

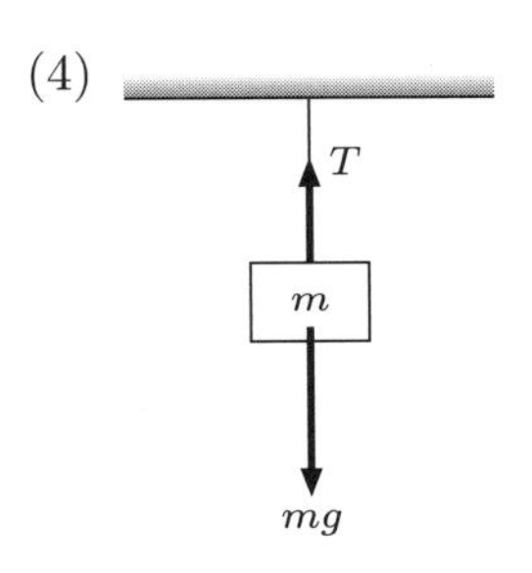

# 摩擦力

摩擦というと，“邪魔するもの”というイメージが強いのではないだろうか．「貿易摩擦」という言葉もあるので，一般的には良いイメージはなさそうである．しかし，物理では摩擦が非常に重要な役割を担う．これまでは摩擦がないことを前提としていたが，高校物理でも学んだように，現実には摩擦があるのが普通である．

例えば物体が水平な床を等速で滑っている運動を考えてみる．もし本当に摩擦がないのであれば，この物体は永遠にその運動を続けることになる (慣性の法則)．しかし私たちの日常を思い出してみると，そのようなことはまず起こらない．たとえ氷上だとしても，いずれどこかで物体は止まってしまう．現実では摩擦が必ずはたらくと思ってよい．一方で摩擦は本当に邪魔者かと考えてみると，例えば自転車のブレーキなどは摩擦力を使っており，役立っていることも多い．

この章では「邪魔かつ役立つ摩擦」について学習する．摩擦がないことを「なめらか」，摩擦を考える場合を「粗い」と表現する．

## 摩擦の基本

ある物体が床の上においてあり，これをひもで水平方向に引く状況を考えてみよう．摩擦は接している面と面の状態で決まる．面の大きさにはよらないことに注意しよう．物体には重力がはたらき，床から垂直抗力を受けている．動き出す瞬間の静止摩擦力を最大摩擦力といい，動いているときにはたらく摩擦力を動摩擦力という．これらの最大摩擦力や動摩擦力の大きさは，面と面の状態を表す摩擦係数と，垂直抗力の大きさで決まる．一般的に，静止摩擦係数は $\mu$，動摩擦係数は $\mu'$ として表すことが多い．最大摩擦力や動摩擦力の大きさは垂直抗力の大きさ $N$ とそれぞれの摩擦係数との積で $\mu N$ や $\mu' N$ と表す．一般に摩擦係数は $0 < \mu$ であることに注意しよう．ゼロであれば摩擦が完全にないことを意味する．1 であれば，持ち上げる力と同じとなる．物体を動かすのに持ち上げるときよりも大きい力が必要だった経験がある人もいるかもしれないが，材質の組み合わせによっては 1 より大きいこともある．

## 垂直抗力

垂直抗力を求めるのは水平な台や床の上での運動であれば容易だが，斜面上では注意が必要である．斜面における垂直抗力は，鉛直上向きではなく斜面に垂直な方向にはたらくことに注意しよう．また，円形にループしているレール上の運動 (ジェットコースターなど) では，垂直抗力の方向は刻一刻と変わっていくことに注意が必要である．

垂直抗力にはもう 1 つ大事な役割がある．この抗力がはたらいているということは，物体とその対象物 (机や床やレール，または別の物体) とが接触していることを意味する．この垂直抗力がなくなるときは，物体と対象物とが離れることを意味する．

**■摩擦がないと■**

もし摩擦がなければどんなことが起こるかを考えてみると面白い．まず私たちは歩けなくなることがわかるだろうか．私たちは歩く際に靴で地面を「蹴って」進んでいるわけであるが，実は蹴るときに靴と地面との摩擦を使っているのである．つまり，摩擦がなければ蹴っても進むことはできない．雨が降った後のツルツルの床を想像してみるとわかりやすいだろう．そして自転車やバイク，車などもタイヤと道路との摩擦で進んでいるのであるから，摩擦がなければ人や乗り物などが進むことができなくなる．鉄道も車輪とレールの間の摩擦で進んでいる．鉄道は摩擦が少なそうに見えるが，しっかりと摩擦がある．ちなみに鉄道は山岳地帯では，レールと車輪の間に砂を撒くことがある．これは空転などを防ぎ，制御できるように摩擦力を強くしているのである．こうしてみると，摩擦は“いつも邪魔”とはいえないと思えてくるのではないだろうか．

学生の皆さんにとって面白い話題がある．試験問題で，「もし摩擦がなければどうなるか？」という問があったとする．皆さんはどう答えるだろうか？
(正解は，「白紙＝何も書かないこと」である．)

**■摩擦係数■**

最大摩擦力と動摩擦力を決める決定的な因子は摩擦係数 $\mu$ である．そしてこの $\mu$ はいとも簡単に変化する．上述したが，同じ床でも雨が降って濡れていると非常に滑りやすくなり危険である．いつもの靴でいつもの床を歩くだけなのに，なぜこんなに変わるのか不思議に思った人も多いのではないだろうか．これは摩擦係数が変化したために他ならない．鉄などは，そのままだとザラザラして滑りにくいが，雨が降って濡れたとたんに非常に滑りやすくなる．このように，摩擦係数は面と面の「状態」で決まるものであることを把握しておこう．

京都の祇園祭では，多数の山鉾が市内を巡行する．釘を一本も使っていないという伝統的な山鉾は，普通の車のように自在に曲がることができない．このため，交差点では人が引っ張りながら「転回」させる．このときに，山鉾の車輪の下に竹の棒を何本も敷き，そこへ水を掛け，引手たちが合図と共に一斉に方向を変える．これを「辻回し」という．この祇園祭は千年以上の伝統 (2019 年に 1150 周年) をもつが，昔の人々は水を撒くと回しやすくなる (摩擦係数が下がる) ことを知っていたのである．

**例題 6.1　摩擦力**

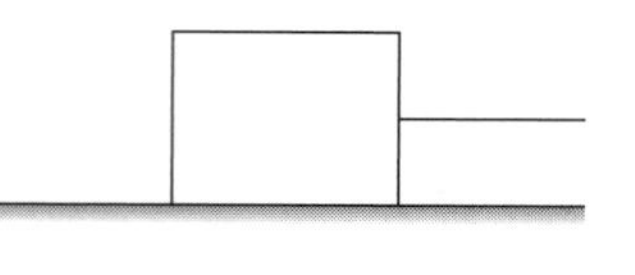

摩擦がある水平面上に質量 $m$ の物体を置き，ひもをつけて，右向きに張力 $\boldsymbol{T}$ で引いたら，物体は加速度 $\boldsymbol{a}$ で運動した．このとき，動摩擦係数を $\mu_{\mathrm{k}}$，垂直抗力を $\boldsymbol{N}$ とすると，摩擦力の大きさは $f = \mu_{\mathrm{k}} N$ とかける．

(1) 垂直抗力を $\boldsymbol{N}$，摩擦力を $\boldsymbol{f}$ として，物体にかかるすべての力を図中に矢印でかき込め．

(2) 水平方向と鉛直方向の運動方程式をそれぞれかけ (右向きおよび上向きを正とする)．

(3) 垂直抗力 $\boldsymbol{N}$ の大きさを求めよ．重力加速度の大きさを $g$ とする．

(4) 運動中の加速度 $\boldsymbol{a}$ の大きさを求めよ．

MEMO

## 演習問題

***6.1*** カーリングについて考えよう．初速度 7.0 m/s でストーン (20 kg) を滑らせると摩擦力により 10 秒後に止まった．ストーンの進行方向を正とする．

(1) ストーンの加速度を求めよ．

(2) ストーンが受ける摩擦力の大きさと向きを求めよ．

(3) ストーンが滑った距離を求めよ．

***6.2*** 右図のように粗い斜面上に静止している物体にはたらく力をすべて図示せよ．ただし，力の名称もかくこと．

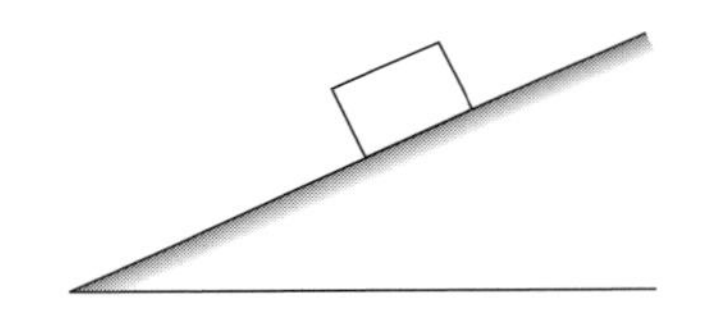

***6.3*** 物体 (質量 20.0 kg) が水平面上にある場合を考える．この物体を右図のように，力 $\boldsymbol{F}$ で押して移動させたい．ただし，物体と水平面との間の静止摩擦係数は $\mu = 0.60$，重力加速度の大きさは $g = 9.8\,\mathrm{m/s^2}$ であるとする．

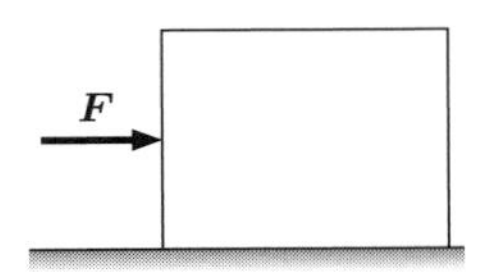


(1) 物体が受ける重力 $\boldsymbol{F}_g$ を図中に示せ．

(2) $\boldsymbol{F}_g$ の大きさを求めよ．

(3) 物体が水平面から受ける抗力 (鉛直方向の力) $\boldsymbol{N}$ を図中に示せ．

(4) $\boldsymbol{N}$ の大きさを求めよ．

(5) 最大摩擦力 $\boldsymbol{f}_\mathrm{s}$ を図中に示し，その大きさを求めよ．

(6) $F \geq$ [　　　] N の条件で物体が動き出すことになる．この値を示せ．

***6.4*** 右図のように粗い斜面上に物体 (質量 5.0 kg) を置いた場合を考える．ただし鉛直下向きには重力加速度 $g$ ($g = 9.8\,\mathrm{m/s^2}$) が存在する．

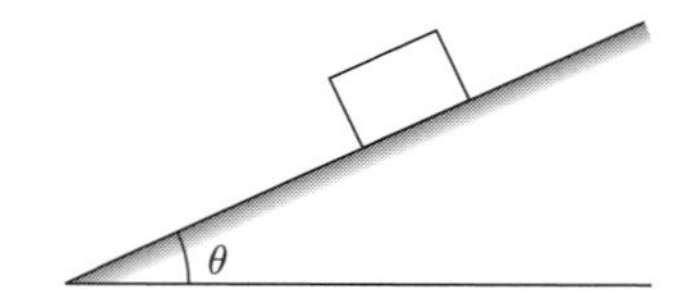


(1) 物体にはたらく重力 $\boldsymbol{F}_1$ を図中に示せ．

(2) 物体にはたらく重力 $\boldsymbol{F}_1$ の大きさは何 N になるか．

(3) 斜面に沿って物体にはたらく力 $\boldsymbol{F}_2$ の大きさを図中に示せ．

(4) 最大摩擦力 $\boldsymbol{f}_\mathrm{s}$ を図中に示し，その大きさを求めよ．

***6.5*** 右図のように，なめらかな床の上に質量 $M$ の板が置いてあり，板の上に質量 $m$ の物体が載せてある．板を水平方向に力 $\boldsymbol{F}$ で引いたとき，板と物体は一体となって運動した．床と板の間の摩擦力ははたらかないが，板と物体の間には摩擦力が生じ，その静止摩擦係数を $\mu$ とする．重力加速度の大きさは $g$ とする．

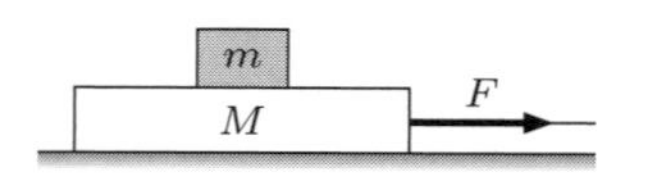


(1) この時の板と物体の加速度 $a$ の大きさと，物体が板から受ける静止摩擦力の大きさ $f_\mathrm{s}$ を求めよ．

(2) 板を引く力を大きくしていったところ，$F = F_0$ となったとき物体は板の上を滑りはじめた．$F_0$ の値を求めよ．

***6.6*** 右図のように，粗い斜面の上に質量 $M$ の物体が乗っている．この物体には，軽い糸が取り付けられており，定滑車を介して質量 $m$ の物体が取り付けられている．質量 $M$ の物体と斜面の間の動摩擦係数を $\mu'$ とし，質量 $M$ の物体が斜面を滑りながら加速度 $\boldsymbol{a}$ で上昇する運動を考える．重力加速度の大きさは $g$ とする．

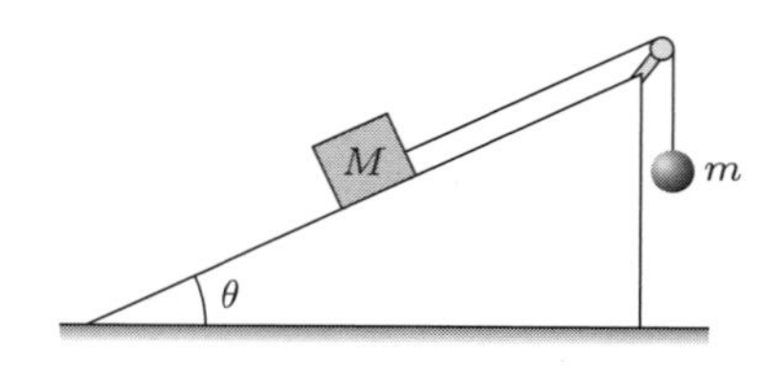

(1) 質量 $M$ の物体にはたらく摩擦力の大きさはいくらか．また，その向きは斜面に沿って上向きか下向きか．

(2) 加速度 $\boldsymbol{a}$ の大きさを求めよ．

# 7 投射，落下

この章で学ぶ投射や落下は，運動学の基本中の基本といえる．ここで学ぶことが物理学や工学の基礎・基盤となるのでしっかりと学習してほしい．

まず基本となる落下について学び，その後に投射を学ぶ．自由落下をはじめに学習し，投げおろしという下向き (重力と同じ方向) の初速度をもった落下，さらに鉛直投げ上げという上向き (重力と逆向き) の初速度をもった落下を学習していく．

投射については，水平投射や斜方投射がある．ボール投げで，最も遠くまで投げるには仰角 $45°$ で投げればよいという話を知っている学生も多いと思うが，計算して自分で導出してみるとより理解が深まる．

### 自由落下

ある物体を手で持ち，静かにはなすと物体は重力に引かれて下方へ落ちていく．最も基本の加速度運動といってよいだろう．地上では初速度ゼロの状態から物体が $mg$ の力を受け，重力加速度 $g$ で加速されるので，鉛直上向きを正にとると，時刻を $t$ とすれば，速度は $v(t) = -gt$，変位は $x(t) = -\frac{1}{2}gt^2$ となる．

### 投げ下ろし

鉛直下方へ初速度をもった落下のことである．ボールを下にたたきつけることを考えるとわかりやすい．初速度を $-v_0$ とすれば，$v(t) = -v_0 - gt$ と表される．初速度があるので自由落下より早いことがよくわかると思う．変位は $x(t) = -v_0t - \frac{1}{2}gt^2$ と表される．

### 鉛直投げ上げ

上方に初速度をもって投げる運動である．その意味では投射ともいえる．$v(t) = v_0 - gt$ で表されるように，どこかで停止 (速度ゼロ) する瞬間があることに注意してほしい．この瞬間の前後で速度の向きが変わることを示しており，この瞬間こそが最高到達点になる．この一瞬停止した後は，自由落下になるともいえる．変位は $x(t) = v_0t - \frac{1}{2}gt^2$ と表される．この式からもわかるように，投げ上げた点を原点と考えれば，投げ上げた後にもう 1 度原点 (投げ上げた出発点) を通過することがわかる．

### 運動方程式からの導出

落下についての運動方程式は，両辺の質量 $m$ を約分すると以下のようになる．

$$\frac{\mathrm{d}^2x}{\mathrm{d}t^2} = -g$$

これを積分すると速度が導出でき，積分定数 $C$ を用いて

$$\frac{\mathrm{d}x}{\mathrm{d}t} = -gt + C$$

となる．この $C$ は初速度 (自由落下の場合はゼロ) に他ならないので，

$$\frac{\mathrm{d}x}{\mathrm{d}t} = -gt + v_0$$

となる．これをさらに積分すると変位 (位置) が導出され，$C'$ を積分定数として

$$x(t) = v_0t - \frac{1}{2}gt^2 + C'$$

となる．ここで $C'$ は初期の変位がゼロのときとして $C' = 0$ とすることが多いが，初期位置があると $C' \neq 0$ となるので気を付けたい．

### 水平投射

水平方向の初速度を持ちながら，そのまま投射する運動である．投射された直後から重力方向の加速度が生じるので，下方向に加速度運動をはじめる．

水平方向は，等速度運動であり，速度と変位は

$$v_x(t) = v_0$$

$$x(t) = v_0t$$

となる．一方，鉛直方向は自由落下となるので，速度と変位は

$$v_y(t) = -gt$$

$$y(t) = -\frac{1}{2}gt^2$$

となる．

軌道はこれらの水平方向と鉛直方向の式から時刻 $t$ を消去すると得られ，2 次関数が現れる．

$$y(t) = -\frac{1}{2}g\left(\frac{x}{v_0}\right)^2 = -\frac{g}{2{v_0}^2}x^2$$

これは上に凸な放物線であり，投射した点を原点とすれば，水平投射の軌道は 2 次関数のグラフを半分にしたもの ($x > 0$ の領域) になることがわかる．

### 斜方投射

斜めの方向に初速度を持つ運動である．いわゆるボール投げである．

水平方向からの角度 (仰角) 45° で投げると最も遠くまで投げられるということを高校物理で学んだ人も多いだろう．変位の式を考えると，まさにその通りなのである (ただし空気抵抗などがない場合である)．

水平方向は，等速度運動であるので，速度と変位は仰角を $\theta$ とすると，

$$v_x(t) = v_0 \cos\theta$$
$$x(t) = (v_0 \cos\theta)t$$

となる．

一方，鉛直方向は鉛直投げ上げとなるので，速度と変位は

$$v_y(t) = v_0 \sin\theta - gt$$
$$y(t) = (v_0 \sin\theta)t - \frac{1}{2}gt^2$$

となる．水平投射と同じように，軌道はこれらの水平方向と鉛直方向の式から時刻 $t$ を消去すると得られ，2 次関数が現れる．

$$y(t) = (v_0 \sin\theta) \cdot \left(\frac{x}{v_0 \cos\theta}\right) - \frac{1}{2}g\left(\frac{x}{v_0 \cos\theta}\right)^2 = -\frac{g}{2{v_0}^2 \cos^2\theta}x^2 + \tan\theta \cdot x$$

この事実より，2 次関数のグラフは「放物線」といわれている．

### 運動方程式からの導出

水平投射や斜方投射も運動方程式から導出できる．まず水平投射の場合は，水平方向と鉛直方向について

$$\frac{\mathrm{d}^2x}{\mathrm{d}t^2} = 0$$
$$\frac{\mathrm{d}^2y}{\mathrm{d}t^2} = -g$$

であるから，

$$\frac{\mathrm{d}x}{\mathrm{d}t} = C_x$$
$$\frac{\mathrm{d}y}{\mathrm{d}t} = -gt + C_y$$

となる．これらの積分定数は初期条件より，$x, y$ 方向の初速度であるから，$x$ 方向が初速度 $v_0$ を持ち，$y$ 方向は初速度がゼロであるので，

$$\frac{\mathrm{d}x}{\mathrm{d}t} = v_x(t) = v_0$$
$$\frac{\mathrm{d}y}{\mathrm{d}t} = v_y(t) = -gt$$

となる．さらにこれらを積分すると，変位が導出され，

$$x(t) = v_0 t + C_x{}'$$
$$y(t) = -\frac{1}{2}gt^2 + C_y{}'$$

となる．これらの積分定数も初期条件により決まる．

斜方投射の場合は，水平方向と鉛直方向について，

$$\frac{\mathrm{d}^2x}{\mathrm{d}t^2} = 0$$

$$\frac{\mathrm{d}^2y}{\mathrm{d}t^2} = -g$$

であるから，

$$\frac{\mathrm{d}x}{\mathrm{d}t} = C_x$$

$$\frac{\mathrm{d}y}{\mathrm{d}t} = -gt + C_y$$

となる．これらの積分定数は初期条件により決まる．仰角を $\theta$，初速度を $v_0$ とすれば，

$$\frac{\mathrm{d}x}{\mathrm{d}t} = v_x(t) = v_0 \cos\theta$$

$$\frac{\mathrm{d}y}{\mathrm{d}t} = v_y(t) = -gt + v_0 \sin\theta$$

となり，さらにこれらを積分すると，変位が求められる．

$$x(t) = (v_0 \cos\theta)t + C_x{}'$$

$$y(t) = -\frac{1}{2}gt^2 + (v_0 \sin\theta)t + C_y{}'$$

水平投射と同様に，これらの積分定数も初期条件により決まる．

高校で物理を学習した際には，これらの式を覚えた経験がある学生も多いのではないだろうか．しかし，上記したように，すべては運動方程式から導出される式だったことに注意してほしい．運動方程式を微積分を使って計算すると，高校のときに覚えた様々な式や保存則が出てくるのである．

**例題 7.1　自由落下**

**1.** 高さ $20\,\mathrm{m}$ の橋の上から小石を落とす．落としはじめた時刻を $t=0\,\mathrm{s}$ とし，初速度と初期位置は $v(t=0)=0\,\mathrm{m/s}$, $x(t=0)=20\,\mathrm{m}$ と考える．また上向きを正とする．重力加速度の大きさを $9.8\,\mathrm{m/s^2}$ として次の問いに答えよ．

(1) 小石の速度と位置を時間の関数として表せ．

(2) 小石が川に落ちるのは何秒後か求めよ．

(3) そのときの小石の速さを求めよ．

**2.** 時刻 $t=0$ で原点で静止していた物体が自由落下をはじめたとする．次の問いに答えよ．ただし，下向きを正とし，重力加速度の大きさを $9.8\,\mathrm{m/s^2}$ とする．

(1) 1 秒後の物体の速度を求めよ．

(2) 1 秒後の物体の落下距離を求めよ．

(3) 1 秒後から 2 秒後の間の落下距離を求めよ．

MEMO

**例題 7.2　鉛直投射**

水面から高さ $h$ の位置から初速度 $v_0$ で真上に物体を投げ上げる．重力加速度の大きさを $g$ として次の問いに答えよ．ただし，右図のように，水面を原点として鉛直上向きに $y$ 座標をとる．

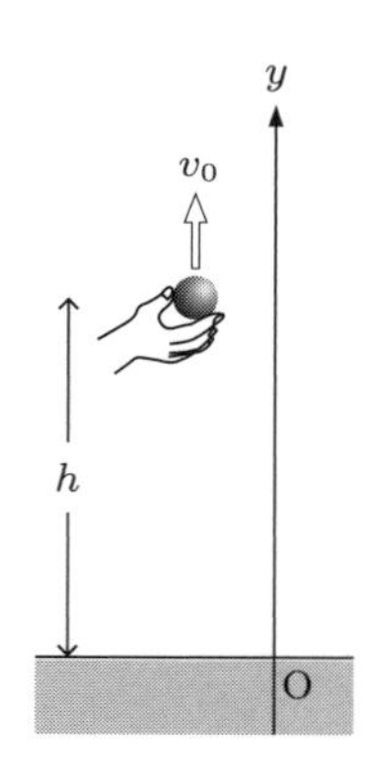


(1) 物体の速度 $v$ を時間 $t$ の式として表せ．

(2) 物体の位置 $y$ を時間 $t$ の式として表せ．

(3) (2) の式のグラフをかけ．

(4) 最高点の高さを求めよ．

MEMO

## 演 習 問 題

***7.1*** 図のように，初速度 $V = 42\,\mathrm{m/s}$ でボールを打ち出すことを考える．この装置を使ってボールを鉛直上方向に打ち出すと，ボールが届く最高点の高さ $h\,[\mathrm{m}]$ を求めよ．ただし，重力加速度 $g = 9.8\,\mathrm{m/s^2}$ とする．

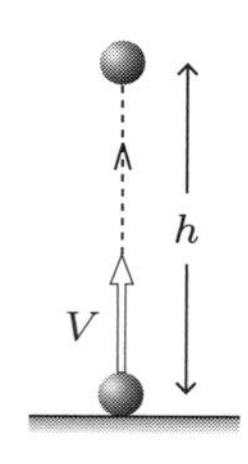

**例題 7.3　斜方投射**

ある場所からボールを初速度 10 m/s で仰角 60° で右斜め上に投げ出した．このとき以下の問いに答えよ．ただし，ボールを投げ出した点を $x$ 軸, $y$ 軸の原点とし，右向きと上向きを正とする．重力加速度の大きさは 9.8 m/s$^2$ とする．

(1) ボールの速度 $(v_x, v_y)$ を時間 $t$ の関数として表せ．

(2) ボールの軌道 $(x, y)$ を時間 $t$ の関数として表せ．

(3) ボールが地面に落ちる ($y=0$ になる) のは何秒後か.

(4) ボールが地面に落ちたときに，$x$ 方向には何 m 移動しているか.

MEMO

## 演習問題

**7.2**　図のように物体 A (質量 4.0 kg) を地面からの角度が $\theta = \dfrac{\pi}{6}$ rad の方向に初速度 $V_0 = 39.2\,\mathrm{m/s}$ で投げた．重力加速度の大きさを $9.8\,\mathrm{m/s^2}$ として以下の問いに答えよ．(物体の大きさは無視できるとする．)

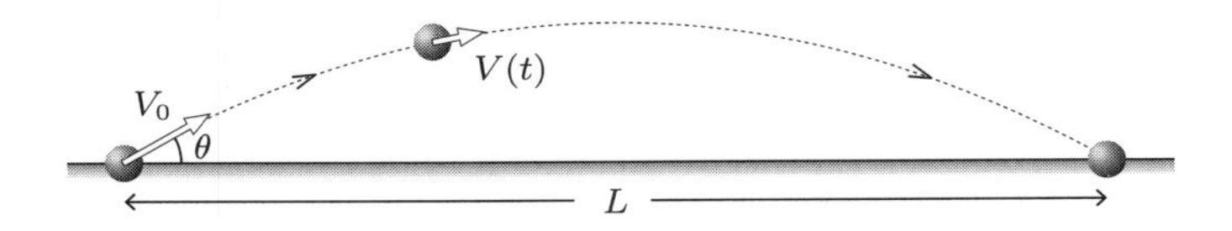


(1) 2.0 s 後の物体 A の水平方向の速度 $V_x(2.0)$ を求めよ．

(2) 2.0 s 後の物体 A の鉛直方向の速度 $V_y(2.0)$ を求めよ．

(3) 物体 A が地面に着くのは投げてから何秒後か．

(4) 物体 A は投げた地点から $L$ [m] 離れた所で着地した．$L$ を求めよ．

(5) 物体 A の移動した軌道はある曲線になる．この曲線の名前を答えよ．

### 例題 7.4　水平投射 ✎

$t = 0\,\mathrm{s}$ で，ある高さ $h\,[\mathrm{m}]$ の崖から水平方向に速さ $10\,\mathrm{m/s}$ で投げ出された物体を考える．この物体が地面にぶつかったとき，速度の下向きの成分の大きさは $19.6\,\mathrm{m/s}$ であった．重力加速度の大きさは $9.8\,\mathrm{m/s^2}$ とする．

(1) 物体の速度と位置を時間の関数として表せ．ただし投げ出された位置を原点とし，水平方向は右向きを正とし，鉛直方向は下向きを正とする．

(2) 地面にぶつかった時刻を求めよ．

(3) 崖の高さ $h$ [m] を求めよ．

MEMO

## 演習問題

**7.3** 図のように物体 (質量 2.0 kg) を地面からの高さ $h = 78.4\,\mathrm{m}$ の場所から初速度 $V_{0x} = 5.0\,\mathrm{m/s}$ で水平方向へ投げた．以下の問いに答えよ．ただし，重力加速度の大きさを $9.8\,\mathrm{m/s^2}$ とし，物体の大きさは無視できるとする．

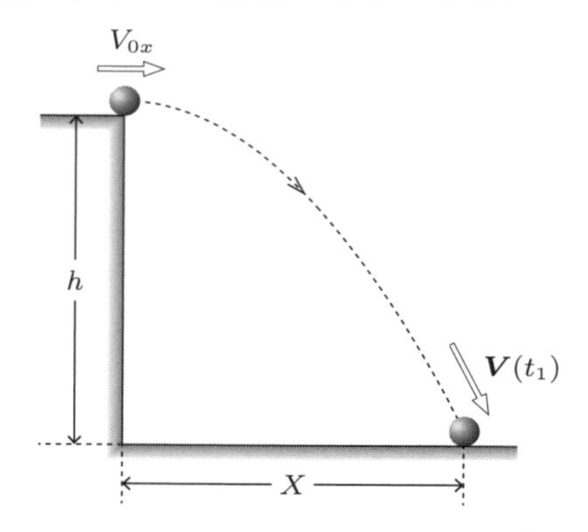


(1) 2.0 s 後の物体の水平方向の速度 $V_x$ [m/s] を求めよ．

(2) 2.0 s 後の物体の鉛直方向の速度 $V_y$ [m/s] を求めよ．

(3) 物体が地面に到達するのは投げてから何秒後か．

(4) 物体が着地する地点は投げた地点から水平方向に何 m 離れた場所か (図中の $X$)．

(5) 物体が地面に到達するときの速さ $V$ [m/s] を求めよ．

# 運動量と力積

### 運動量の定義

運動量 $\boldsymbol{P}$ とは，物体の質量 $m$ と速度 $\boldsymbol{v}$ の積で定義され，速度と同じ方向を持つベクトル量である．

$$\boldsymbol{P} = m\boldsymbol{v}$$

運動量の単位は定義から，[kg · m/s] であり，次元は $\mathsf{MLT}^{-1}$ となる．

### 力積の定義

力積 $\boldsymbol{I}$ とは，物体に作用した力 $\boldsymbol{F}$ と時間 $\Delta t$ の積 (力が何秒間はたらいたか) で定義され，力と同じ方向を持つベクトル量である．

$$\boldsymbol{I} = \boldsymbol{F}\Delta t$$

力積の単位は定義から，$[\mathrm{N} \cdot \mathrm{s}] = [\mathrm{kg} \cdot (\mathrm{m/s^2}) \cdot \mathrm{s}] = [\mathrm{kg} \cdot \mathrm{m/s}]$ であり，次元は $\mathsf{MLT}^{-1}$ である．

運動量と力積は定義こそ異なるものの，どちらも単位と次元が同じであることに注意しよう．すなわち，運動量と力積は足し算や引き算が可能な物理量である．

### 運動量と力積の関係

「質量 $m$ の物体 A が速度 $\boldsymbol{v}$ で運動しており，時刻 $t$ の瞬間に別の物体 B に衝突し $\Delta t$ 後に物体を離れて別の方向へ速度 $\boldsymbol{v}'$ で運動した」という状況を考える．物体 A と物体 B が接触していた $\Delta t$ の間に何が起こり何が変化したのだろう？

物体 A の速度が変化しているので，加速度が生じ，力 ($\boldsymbol{F}$) が生じたはずであるから，このときの運動方程式を書くと，以下のようになる．

$$\boldsymbol{F} = m\boldsymbol{a} = m\frac{\Delta \boldsymbol{v}}{\Delta t} = \frac{m}{\Delta t}(\boldsymbol{v}' - \boldsymbol{v})$$

$$\therefore \quad \boldsymbol{F}\Delta t\ (= \boldsymbol{I}) = m(\boldsymbol{v}' - \boldsymbol{v}) = m\boldsymbol{v}' - m\boldsymbol{v} = \Delta \boldsymbol{P}$$

すなわち，力積 $\boldsymbol{I}$ とは衝突前後の運動量の変化 $\Delta \boldsymbol{P}$ を表しており，たしかに力積と運動量の関係を加減算の式で表すことができた．

また $\boldsymbol{F}\Delta t = \Delta \boldsymbol{P}$ より，$\boldsymbol{F} = \dfrac{\Delta \boldsymbol{P}}{\Delta t}$ となり，「力とは単位時間当たりの運動量の変化」であることがわかる．さらに $\Delta t \to 0$ の極限をとってみると

$$\boldsymbol{F} = \lim_{\Delta t \to 0} \frac{\Delta \boldsymbol{P}}{\Delta t} \equiv \frac{\mathrm{d}\boldsymbol{P}}{\mathrm{d}t} = \frac{\mathrm{d}}{\mathrm{d}t}(m\boldsymbol{v})$$

となり，質量 $m$ が時間的に不変であれば，

$$\frac{\mathrm{d}}{\mathrm{d}t}(m\boldsymbol{v}) = m\frac{\mathrm{d}\boldsymbol{v}}{\mathrm{d}t} = m\boldsymbol{a} = \boldsymbol{F}$$

となる．すなわち「力とは運動量の時間微分」であるともいえる．

### ■運動量保存則■

2つ以上の物体の相互作用により，運動量はどのような振る舞いをするのだろうか．

ここでは2物体が直線上で衝突したときの状況を考える．質量 $m_\mathrm{A}$ の物体Aと質量 $m_\mathrm{B}$ の物体Bの衝突前後の速度をそれぞれ $\boldsymbol{v}_\mathrm{A}, \boldsymbol{v}_\mathrm{B}$ および $\boldsymbol{v}_\mathrm{A}', \boldsymbol{v}_\mathrm{B}'$ とする．衝突時に物体Aと物体Bが押し合う力は作用・反作用の関係にあるので，衝突時に物体Aから物体Bにはたらく力を $\boldsymbol{F}$ とすると，物体Bから物体Aにはたらく力は $-\boldsymbol{F}$ となる．

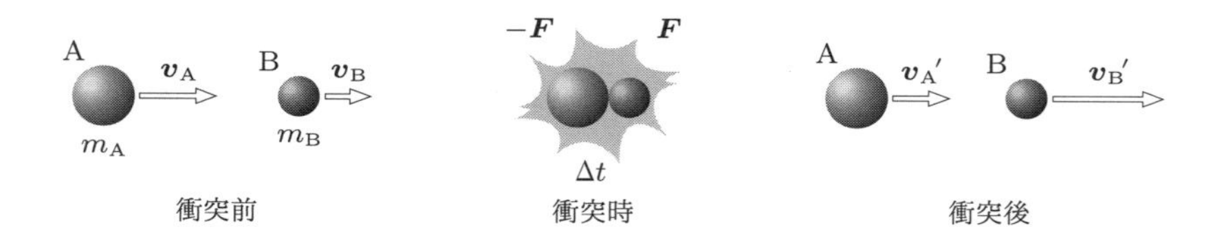


衝突前後でのA, Bそれぞれの運動量の変化と力積の関係は，

$$\begin{aligned} \mathrm{A}: \quad m_\mathrm{A}\boldsymbol{v}_\mathrm{A}' - m_\mathrm{A}\boldsymbol{v}_\mathrm{A} &= \ \ \boldsymbol{F}\Delta t \\ \mathrm{B}: \quad m_\mathrm{B}\boldsymbol{v}_\mathrm{B}' - m_\mathrm{B}\boldsymbol{v}_\mathrm{B} &= -\boldsymbol{F}\Delta t \end{aligned}$$

Aの式とBの式を辺々でたし算すると，

$$m_\mathrm{A}\boldsymbol{v}_\mathrm{A}' + m_\mathrm{B}\boldsymbol{v}_\mathrm{B}' - (m_\mathrm{A}\boldsymbol{v}_\mathrm{A} + m_\mathrm{B}\boldsymbol{v}_\mathrm{B}) = \boldsymbol{0}$$

$$\therefore \quad m_\mathrm{A}\boldsymbol{v}_\mathrm{A}' + m_\mathrm{B}\boldsymbol{v}_\mathrm{B}' = m_\mathrm{A}\boldsymbol{v}_\mathrm{A} + m_\mathrm{B}\boldsymbol{v}_\mathrm{B}$$

すなわち，

**(衝突後のAとBの運動量の和) = (衝突前のAとBの運動量の和)**.

以上の考察から，以下の運動量保存則が導かれる．

「**それぞれの物体の運動量の総和は相互作用 (衝突, 分裂, 結合) の前後で変化せず保存する．**」

### ■はねかえり (反発) 係数■

小球が床や壁に垂直に衝突するとき，衝突直前と直後の速度をそれぞれ $\boldsymbol{v}, \boldsymbol{v}'$ とし，それらの成分を $v, v'$ とする．小球と床や壁との間のはねかえり係数を $e$ とすると，

衝突直前　衝突直後

$\boldsymbol{v}$　$\boldsymbol{v}'$

$$e = -\frac{v'}{v}$$

注意：$\boldsymbol{v}$ と $\boldsymbol{v}'$ は向きが反対

はねかえり係数 $e$ は，物体，床，壁などの材質，固さなどで決まる係数で，その値の範

囲は，

$$0 \leq e \leq 1$$

はねかえり係数 $e$ の値によって衝突の呼び方は以下のようになる．

$$\begin{array}{rcll} e = 1 & : & \text{(完全) 弾性衝突} & v' = v \\ 0 \leq e < 1 & : & \text{非弾性衝突} & v' < v \\ e = 0 & : & \text{完全非弾性衝突} & v' = 0 \end{array}$$

なお，2 物体の衝突における，はねかえり係数は相対速度の比となる．物体 A，物体 B の衝突前後の速度をそれぞれ $\boldsymbol{v}_\mathrm{A}, \boldsymbol{v}_\mathrm{B}$ および $\boldsymbol{v}_\mathrm{A}', \boldsymbol{v}_\mathrm{B}'$ とすると，はねかえり係数は

$$e = -\frac{v_\mathrm{A}' - v_\mathrm{B}'}{v_\mathrm{A} - v_\mathrm{B}}$$

と表される．

### 例題 8.1 運動量，力積，はねかえり (反発) 係数

**1.** 次の量を求めよ．

(1) 質量 5.0 kg の物体が速度 5.0 m/s で運動しているときの運動量．

(2) 質量 0.2 kg のボールが速度 20 m/s で飛んできたので受け止めた．このときボールから受けた力積．

(3) A さん (質量 60 kg) がスケートリンクで速度 5.0 m/s で滑っていると，立ち止まっていた B さん (質量 40 kg) にぶつかり，2 人はもつれあったまま滑り出した．このときの速度．

**2.** 質量 0.30 kg のボールが，速さ 4.0 m/s で壁に垂直にぶつかり，速さ 3.0 m/s ではねかえった．次の問いに答えよ．

(1) 壁とボールの間の反発係数を求めよ．

(2) 衝突の際にボールが受けた力積の大きさを求めよ．

**3.** 水平な直線上で，右向きに速さ 5 m/s で進んでいた質量 2 kg の物体 A が同じ向きに速さ 2 m/s で進む質量 3 kg の物体 B に追突し，衝突後 A は右向きに速さ 2 m/s で進んだ．次の問いに答えよ．

(1) 衝突後の B の速さと向きを求めよ．

(2) A と B の間の反発係数を求めよ．

(3) 衝突の前後で失われた力学的エネルギーを求めよ (第 9 章参照)．

MEMO

## 演習問題

***8.1*** 次の物理量を計算せよ．

(1) 質量 10 kg の物体が速度 5 m/s で運動しているときの運動量．

(2) 力 20 N で 3 秒間物体を押したときの力積．

(3) 質量 200 g のボールを時速 100 km で投げるための力積．

(4) 質量 200 g のボールが時速 100 km で飛んできた．これを受け止める力積．

(5) (4) のボールを受け止める動作が 0.5 秒のときと 1 秒のときのそれぞれで必要な力の大きさ．

***8.2*** サッカーボール (質量 500 g) を蹴る．

(1) 静止しているボールを時速 72 km で飛ばすのに必要な力積の大きさを求めよ．

(2) 時速 72 km で飛んできたボールを逆向きに時速 36 km で蹴り返した．このとき加えた力積の大きさを求めよ．

***8.3*** 宇宙空間に静止しているロケット (質量 1500 kg，燃料含む) が，燃料 500 kg を後方に速さ 400 m/s で噴射した．前方を正と考えて以下の問いに答えよ．

(1) ロケットのはじめ (静止時) の運動量を求めよ．

(2) 噴射後にロケットが前方に進む速度を求めよ．

***8.4*** 右向きに速さ 10 m/s で進む物体 A と左向きに速さ 5 m/s で進む物体 B が衝突する状況を考える．衝突したあと，A は左向きに 4 m/s，B は右向きに 1 m/s の速さに運動が変化した．以下の問いに答えよ．ただし右向きを正とする．

(1) 衝突前の B に対する A の相対速度を求めよ．

(2) 衝突後の B に対する A の相対速度を求めよ．

(3) A と B の間の反発係数を求めよ．

***8.5*** 高さ 19.6 m からボールを自由落下させる．以下の問いに答えよ．ただし地面を原点として鉛直上向きを正とし，重力加速度の大きさは $g = 9.8\,\mathrm{m/s^2}$ とする．

(1) 地面に衝突する直前のボールの速度を答えよ．

(2) 地面とボールとの間の反発係数が $e = 0.5$ であるとする．地面に衝突した直後のボールの速度を求めよ．

(3) 地面に衝突後，ボールは上向きに速度をもつが，そのときのボールの最高到達点の高さを求めよ．

***8.6***

(1) 10 m/s で移動する物体 (質量 50 kg) のもつ運動量を求めよ．

(2) 40 m/s で移動する物体 (質量 250 g) のもつ運動量を求めよ．

(3) 40 m/s で水平に投げられたボール (0.15 kg) をバットで打ち返した．ボールは反対向きに 30 m/s で飛んでいった．

　(a) ボールがバットから受けた力積の大きさを求めよ．

　(b) ボールとバットの接触時間が 0.0050 s であったとする．ボールが受けた平均の力の大きさを求めよ．

**例題 8.2 物体の衝突・分裂**

右向きに速さ 5 m/s で進む質量 2 kg のボール A が，右向きに速さ 1 m/s で進む質量 4 kg のボールに衝突・反発する場合を考える．衝突した後のボール A とボール B の速度をそれぞれ $v'_{\mathrm{A}}$ と $v'_{\mathrm{B}}$ とおく．ボール A とボール B の間にはたらく反発係数は $e = 0.2$ であるとする．以下の問いに答えよ．ただし，右向きを正とする座標系で考えよ．

(1) 運動量保存則を問題文にある数値と文字を使って立式せよ．

(2) 反発係数 $e = 0.2$ とボールの速度との関係を問題文にある数値と文字を使って立式せよ．

(3) (1) と (2) で作った式を連立させて，衝突後のそれぞれのボールの速度を具体的に求めよ．

MEMO

## 演習問題

***8.7*** 下の左図のように左右から 2 つの球 (A：質量 5 kg，B：質量 3 kg) を衝突させる．衝突した結果，下の右図のような角度をもってはねかえった．はねかえった後の A, B の速さ $v'_{\mathrm{A}}$ $(=|\boldsymbol{v}'_{\mathrm{A}}|)$ と $v'_{\mathrm{B}}$ $(=|\boldsymbol{v}'_{\mathrm{B}}|)$ を求めよ．

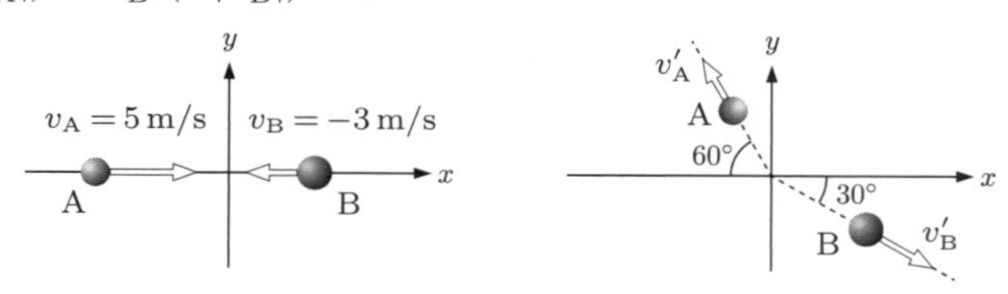


***8.8*** カーリングについて考える．右向きが正の座標系において，初速度 7 m/s でストーン (質量 20 kg) を滑らせると 10 秒後に止まった．

(1) ストーンのはじめの運動量を求めよ．

(2) ストーンが受けた動摩擦力による力積を求めよ．

(3) 動摩擦力を求めよ．

***8.9*** ゴールと平行に右から左向きに 16 m/s の速度で飛んできたボール (質量 0.5 kg) をゴールに垂直にゴールに向かって力積 6 N·s で蹴った．以下の問いに答えよ．ただし左向きを $x$ 軸の正，ゴールの方向を $y$ 軸の正とするような座標系で考える．

(1) ボールに力積を加えた前後の運動量をそれぞれ $\boldsymbol{p}, \boldsymbol{p}'$，その $x, y$ 成分をそれぞれ $(p_x, p_y), (p'_x, p'_y)$ とする．そのとき，ボールの運動量変化の式と加えた力積の式の関係を $x$ 成分と $y$ 成分に分けて表せ．

(2) 蹴った後のボールの速さ (スカラー，速度の絶対値) を求めよ．

***8.10***　図のように，台車 A ($m_{\mathrm{A}} = 5.0\,\mathrm{kg}, V_{\mathrm{A}} = 6.0\,\mathrm{m/s}$) と台車 B ($m_{\mathrm{B}} = 4.0\,\mathrm{kg}, V_{\mathrm{B}} = 3.0\,\mathrm{m/s}$) が衝突した後接触したまま運動を続けた．

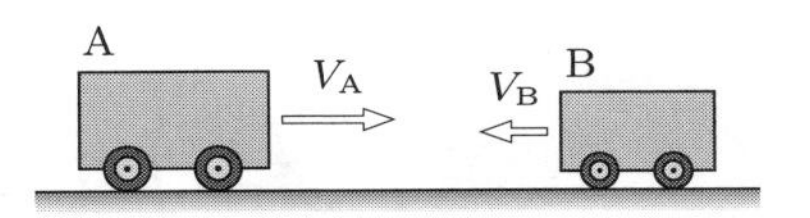


(1) 衝突前の台車 A の運動量 $p_{\mathrm{A}}$ を求めよ．

(2) 衝突前の台車 B の運動量 $p_{\mathrm{B}}$ を求めよ．

(3) 接触した 2 台の台車 (A + B) が運動する向きと速度を求めよ．

***8.11***　図のように，連結されている台車 A (5.0 kg) と台車 B (4.0 kg) が速度 $V = 7.0\,\mathrm{m/s}$ で移動していた．走行中に連結が切れて台車 A は速度 $V_{\mathrm{A}} = 6.0\,\mathrm{m/s}$ で運動しはじめた．このときの台車 B の速度 $V_{\mathrm{B}}$ を求めよ．

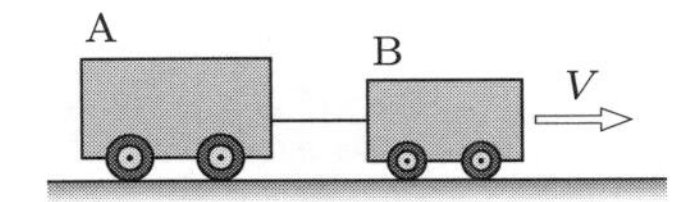


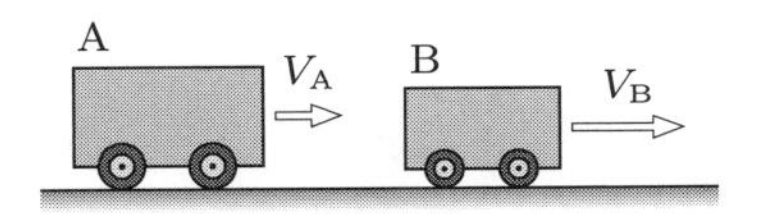

# 仕事とエネルギー

### 仕事の定義

物体の移動方向と力の方向が同一直線上にあるとき，力 $\boldsymbol{F}$ が物体にした仕事 $W$ は力の大きさと移動距離 $x$ との積であり，スカラー量として定義される物理量である．

$$W = Fx$$

仕事の次元は定義から，$\mathsf{ML^2T^{-2}}$ であり，単位は $[\mathrm{N \cdot m}] = [\mathrm{kg \cdot m/s^2 \cdot m}] = [\mathrm{kg \cdot m^2/s^2}]$ であるが，これを [J] (ジュール) と書く．すなわち 1 J とは 1 N の力で 1 m だけ物体を移動するときの仕事の量である．なお単位時間あたりの仕事 (= 仕事の時間微分) を「仕事率」とよぶ．1 秒間に 1 J の仕事をするときの仕事率は 1 W (ワット) である．

### 仕事をする力としない力

移動方向と平行な成分を持つ力は仕事をするが，移動方向に成分を持たない力 (移動方向と垂直) は仕事をしない．

### 仕事の再定義 (一般化)

物体の変位ベクトル $\boldsymbol{x}$ と，力 $\boldsymbol{F}$ の方向のなす角が $\theta$ のとき，力 $\boldsymbol{F}$ がする仕事 $W$ は，

$$F \cos\theta \cdot x$$

これはベクトル $\boldsymbol{F}$ とベクトル $\boldsymbol{x}$ の内積 $\boldsymbol{F} \cdot \boldsymbol{x}$ である．すなわち，

$$F \cos\theta \cdot x = |\boldsymbol{F}| \cdot |\boldsymbol{x}| \cdot \cos\theta = \boldsymbol{F} \cdot \boldsymbol{x}$$

また $\boldsymbol{F}$ と $\boldsymbol{x}$ を成分表示し，$\boldsymbol{F} = (f_1, f_2)$, $\boldsymbol{x} = (x_1, x_2)$ とすると，

$$W = \boldsymbol{F} \cdot \boldsymbol{x} = f_1 x_1 + f_2 x_2$$

### エネルギーとは何か

エネルギーは「仕事をする能力」と考えられる．仕事をするとは「力を与えて物体を空間的に動かす」ことであるから，エネルギーとは「物体を空間的に動かす能力」であるといえる．

### ■運動エネルギー■

質量 $m$ の物体が，速度 $\boldsymbol{v}$ で運動しているときの運動エネルギーは，

$$K = \frac{1}{2}mv^2$$

で定義されるスカラー量である．運動エネルギーの単位は $[\mathrm{kg \cdot m^2/s^2}] = [\mathrm{J}]$ であり，次元は $\mathsf{ML^2T^{-2}}$ である． これは仕事の単位や次元と同じであるから，運動エネルギーと仕事は物理的には等価な物理量であるといえる．したがって，これらの物理量は足し算や引き算が可能である．

### ■仕事と運動エネルギーの関係■

力積が時間 $\Delta t$ における運動量の変化量であったように，「仕事 $W = F\Delta x$ は，移動距離 $\Delta x$ 間の運動エネルギーの変化量」である．

$$\frac{1}{2}m{v_2}^2 - \frac{1}{2}m{v_1}^2 = \int_{x_1}^{x_2} F\,\mathrm{d}x = F\Delta x$$

### ■位置エネルギー■

鉛直上向きを正の方向として，質量 $m\,[\mathrm{kg}]$ の物体を地面から $h\,[\mathrm{m}]$ 持ち上げるときに重力がする仕事 $W$ は，

$$W = -mgh$$

となる．

物体が地面から $h\,[\mathrm{m}]$ だけ高い位置に移動したとする．高い位置にいると「落ちる」という動作が可能であるから，地面にいるときよりも大きなエネルギーを持っている．すなわち，物体が上へ移動するとき，重力は負の仕事をするが，物体がもつエネルギーは重力がした仕事の分だけ増加する． この増加したエネルギーを「位置エネルギー」とよび，高さ $h$ における位置エネルギーを $U(h)$ で表すことにすると，高さ $h$ における，重力による位置エネルギーの大きさは

$$U(h) = mgh$$

となる．なお，位置エネルギーをポテンシャルエネルギーと呼ぶこともある．

### ■運動エネルギーと位置エネルギーの関係■

上向きを正として $x$ 軸をとり高さを表し，質量 $m$ の物体を高さ $h$ から自由落下させる場合を考える．まず，高さ $h$ での位置エネルギーは $mgh$ であり，自由落下の運動方程式：$-g = \dfrac{\mathrm{d}^2x}{\mathrm{d}t^2}$ を解くと，

$$v(t) = -gt$$

$$x(t) = -\frac{1}{2}gt^2 + h$$

2 つめの $x$ の式から，地面 $(x=0)$ に到達する時間は $t=\sqrt{\dfrac{2h}{g}}$ となり，これを 1 つめの $v$ の式へ代入すると，$v=-g\sqrt{\dfrac{2h}{g}}=-\sqrt{2gh}$ となるから，地面における運動エネルギー $K_{地面}$ は，

$$K_{地面}=\frac{1}{2}m(-\sqrt{2gh})^2=mgh$$

すなわち，$h$ の高さにいたときの位置エネルギーがすべて使われて，運動エネルギーに変換された，ということを意味する．

**力学的エネルギー保存則**

仕事は 位置エネルギーの変化量 (差) × (−1) であり，運動エネルギーの変化量 (差) でもあるから，

$$(\text{仕事})=(\text{運動エネルギーの差})=(\text{位置エネルギーの差})\times(-1)$$
$$\therefore \quad W=\Delta K=-\Delta U$$

物体の高さ $x_1, x_2$ における速度の大きさをそれぞれ $v_1, v_2$ とすると，

$$\frac{1}{2}m{v_2}^2-\frac{1}{2}m{v_1}^2=-(mgx_2-mgx_1)$$

高さで項を分けると

$$\frac{1}{2}m{v_2}^2+mgx_2=\frac{1}{2}m{v_1}^2+mgx_1 \quad \longrightarrow \quad \frac{1}{2}mv^2+mgx=\text{一定}$$

すなわちこの式から，以下の力学的エネルギー保存則が導かれる．

「**運動エネルギーと位置エネルギーの和のことを力学的エネルギーとよび，それぞれの高さにおける力学的エネルギーは常に一定である．**」

図は，力学的エネルギー保存則の概念図である．位置エネルギーを $U$，運動エネルギーを $K$ とする．短冊の横の長さはエネルギーの大きさを表している．$K$ と $U$ の割合は高さ $h$ によって変化するが，$K+U$ はすべての $h$ に対して常に同じ値である．

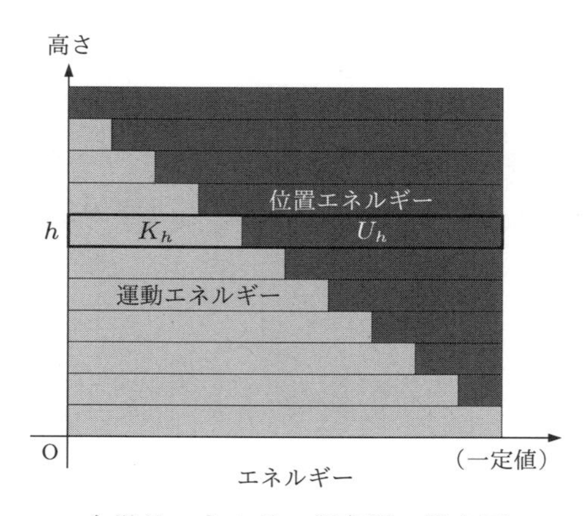


力学的エネルギー保存則の概念図

### ばねの弾性力による位置エネルギー

伸びたばねにつながれた物体は，ばねの縮みにより，ある速さをもって自然長の位置に戻ってくる．このとき物体は運動エネルギーをもつ．すなわち伸びたばねは，運動エネルギーに変換される何らかのエネルギーをもっていたと考えられ，これを弾性力による位置エネルギーとよぶ．ばね定数を $k$，自然長からのばねの伸びを $x$ とすると，自然長の位置を基準とした弾性力による位置エネルギーは

$$U_{\text{ばね}} = \frac{1}{2}kx^2$$

となる．

ばねの弾性力 (復元力) は保存力であるから，ばねの運動においても力学的エネルギー保存則が成り立つ．

### 保存力と非保存力

もう少し詳しく説明すると，力学的エネルギー保存則が成り立つためには，力は“保存力”でなければならない．保存力とは，力がする仕事が始点と終点の位置 (例えば高さ) だけで決まり，途中の (積分) 経路によらない力のことである．重力，ばねの復元力，静電気力などは保存力である．なお，物理量が位置だけで決まるような空間を「場 (ば)」とよぶ (第 13 章 発展問題 *13.4* を参照).

一方，“非保存力”には，摩擦力，空気抵抗力などがある．例えば摩擦力は物体が動く方向と常に逆向きにはたらくので，摩擦が存在する空間で始点から終点へ物体を移動するときに，もし遠まわりをすれば，その分だけ余計な仕事が必要となってしまう．すなわち，摩擦で生じるエネルギーの損失量が経路によって異なってしまうために，保存力ならば位置 (高さ) だけで決まるはずの仕事の量が，非保存力の場合には一意には決まらなくなってしまう．このような場合には力学的エネルギー保存則は成立しない．

**例題 9.1** **仕事**

**1.** (1) 物体に 10 N の力を加えて，力を加えたのと同じ方向に 50 cm 移動させたとき，この力のする仕事を求めよ．

(2) 水平面上の物体に，水平方向と $60°$ の角をなす方向に 20 N の力を加え，水平方向に 5 m 動かすとき，この力のする仕事を求めよ．

(3) モーターボートが $5.0 \times 10^2$ N の推進力で，一直線上を 4.5 m/s で走っている．このときのエンジンの仕事率を求めよ．

**2.** 直線上 ($x$ 軸) を運動する質量 2 kg の物体がある．物体の位置 $x$ [m] に依存した力 $F(x) = 3x^2$ [N] がはたらいている場合を考える．物体の位置が $x = 2$ m から $x = 5$ m まで動く間に力 $F(x)$ がする仕事 $W_F$ を答えよ．

**3.** 右図のように，傾斜角 $\theta$ の斜面上を質量 $m$ の物体が距離 $s$ 滑り下りた．$\theta = 30^\circ$, $m = 20\,\mathrm{kg}$, $s = 3.0\,\mathrm{m}$ のとき，次の問いに答えよ．重力加速度の大きさは $9.8\,\mathrm{m/s^2}$ とし，斜面と物体の間の摩擦は考えない．

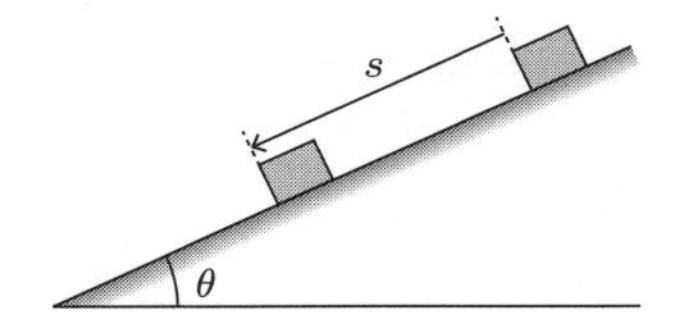


(1) 重力 $\boldsymbol{F}_{重}$ のした仕事 $W_{重}$ を求めよ．

(2) 垂直抗力 $\boldsymbol{N}$ のした仕事 $W_N$ を求めよ．

MEMO

## 演習問題

**9.1**

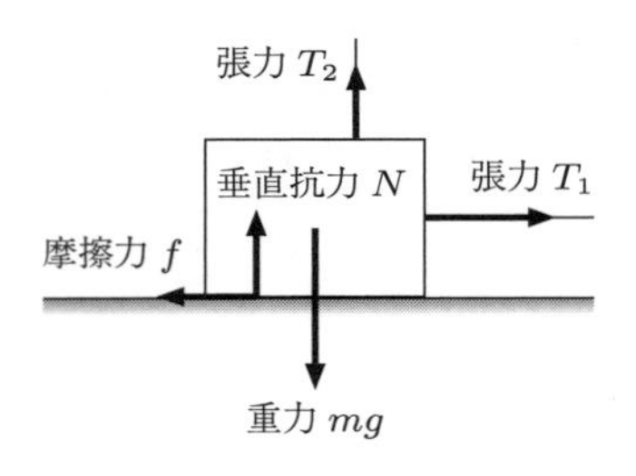


(1) 図において，水平右向きに引っ張って物体を距離 $x$ [m] 移動させた場合に，仕事をする力はどれか．
また，その大きさを求めよ (右向きを正とする)．

(2) 次に，上にひもをつけて物体を $h$ [m] だけもち上げた．このときに仕事をする力はどれか，またその大きさを求めよ (上向きを正とする)．

**9.2**

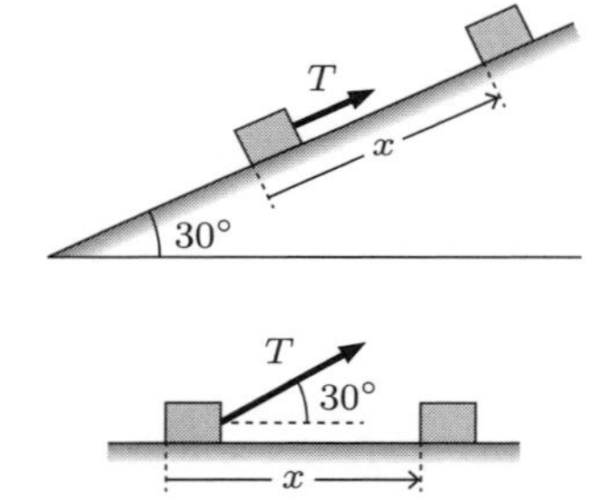


(1) 右図のように物体にひもをつけて，角度 30° の斜面に沿って張力 $T$ で引っ張って，斜面上を $x$ 移動させた．このときに張力 $T$ がした仕事はいくらか．

(2) (1) と同じ物体にひもをつけて，角度 30° 上向きの方向に張力 $T$ で引っ張って，物体を水平距離で $x$ 移動させた．このときに張力 $T$ がした仕事はいくらか．

**9.3** 物体 A は質量 5 kg で，12 m/s の速度で等速直線運動をしている． 物体 B は質量 2 kg で，30 m/s の速度で等速直線運動をしている．

(1) A, B それぞれの運動量を求めよ．

(2) A, B それぞれの運動エネルギーを求めよ．

***9.4*** 右図のように，傾斜角 $\theta$ の粗い斜面上を質量 $m$ の物体が距離 $s$ 滑り降りた．$\theta = 30^\circ$, $m = 20\,\mathrm{kg}$, $s = 3.0\,\mathrm{m}$ のとき，次の問いに答えよ．重力加速度の大きさは $9.8\,\mathrm{m/s^2}$ とし，動摩擦係数は 0.1 とする．

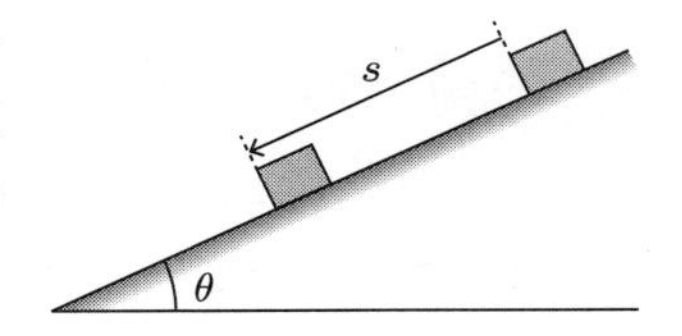


以下，動摩擦力 $\boldsymbol{F}$ がした仕事 $W_F$ を考える．

(1) 座標をどうとりたいか．2 次元 $xy$ 座標系を自分で設定し説明せよ．

(2) (1) で設定した座標系において，物体にかかる重力 $\boldsymbol{F}_{\text{重}}$ と垂直抗力 $\boldsymbol{N}$ と動摩擦力 $\boldsymbol{F}$ を成分表示でかけ．変位ベクトル $\boldsymbol{S}$ もかけ．

(3) 動摩擦力のした仕事 $W_F$ を求めよ．

**例題 9.2** **力学的エネルギー**

**1.** ばね定数 $k = 30\,\mathrm{N/m}$ のばねについて次の問いに答えよ．

(1) このばねを水平に置いて，自然長から 50 cm 伸ばした．ばねの弾性力の大きさを求めよ．

(2) (1) のときにばねに蓄えられる弾性力による位置エネルギーを求めよ．

(3) このばねに質量 3.0 kg のおもりをつけて鉛直につるした．自然長からの伸びを求めよ．ただし，重力加速度の大きさを $10\,\mathrm{m/s^2}$ として良い．

(4) (3) のときにばねに蓄えられる弾性力による位置エネルギーを求めよ．

**2.** 図のように，水平で摩擦のない床の上に十分に軽いばねを置き，ばねの片方を壁に固定して，もう一方の端に質量 $m = 0.50\,\mathrm{kg}$ の小球を取り付けた．図 (a) のようにばねを自然長の位置 (O) から 0.10 m 縮めて静かにはなすと，ばねと小球は動きはじめ，自然長の位置 O に戻り図 (b) の状態となった．さらにばねは伸び，小球は図 (c) のように自然長から 0.080 m 先の位置を通過した．このばねのばね定数は 800 N/m であったとする．

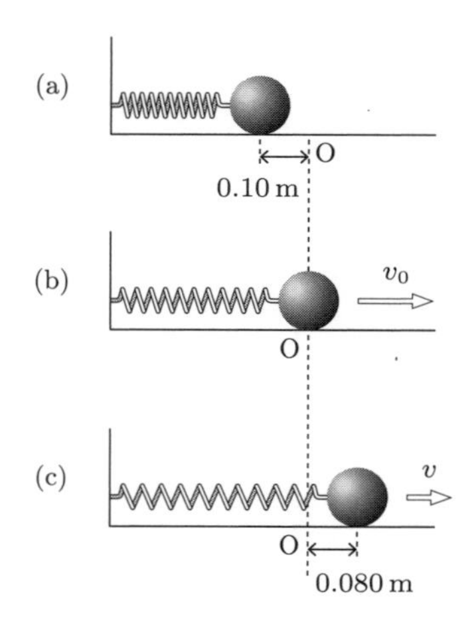


(1) (a) のときに小球がばねから受ける力の大きさを求めよ．

(2) (a) のときにばねに蓄えられた弾性エネルギーを求めよ．

(3) (b) のときの小球の速さ $v_0$ を求めよ．

(4) (c) のときの小球の速さ $v$ を求めよ．

MEMO

## 例題 9.3 運動量保存則・エネルギー保存則

**1.** 図のように，ビリヤードにおける 2 球 (質量は等しく $m$) の衝突を考えよう．はじめ，一方の球 (的玉) は静止しており，他方の球 (手玉) が左から速さ $v$ で接近し衝突した．衝突後，的玉は図に示す角度 $\theta_1$ の方向に速さ $v_1$ で，手玉は角度 $\theta_2$ の方向に速さ $v_2$ で転がった．次の問いに答えよ．

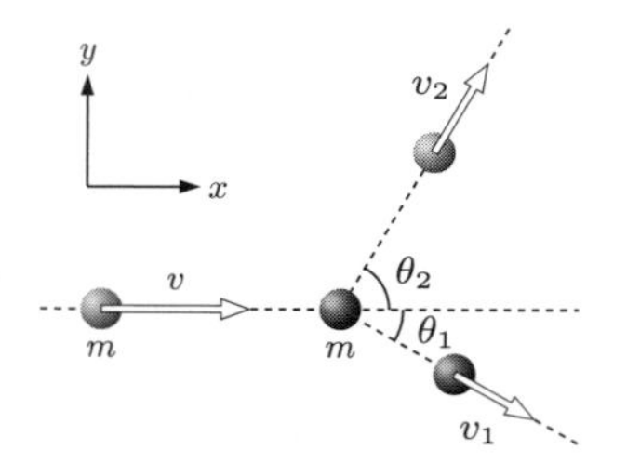


(1) 図のように $x$ 軸，$y$ 軸をとるとき，それぞれの軸方向の運動量保存則をかき表せ．

(2) 衝突後の進行方向が $\theta_1 = 30°$, $\theta_2 = 60°$ のとき，衝突後の速さ $v_1$ と $v_2$ は，はじめの速さ $v$ の何倍か求めよ．

**2.** 図のように，速度 $\boldsymbol{v}$ で飛んできた弾丸 (質量 $m$) がひもでつり下げられたおもり (質量 $M$) に命中し，一体となって高さ $h$ まで上がった．重力加速度の大きさを $g$ として次の問いに答えよ．

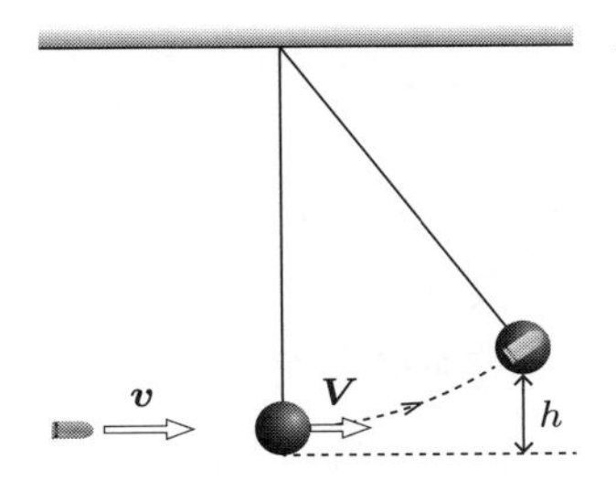


(1) 弾丸が命中した直後のおもりの速度 $\boldsymbol{V}$ を求めよ．

(2) 弾丸の命中以降は，おもりに対して仕事を行う力は重力のみである (糸からの張力は常に進行方向と垂直なので仕事をしない)．この場合，おもりが動き出した直後と高さ $h$ のときとで力学的エネルギーが保存される．$h$ を求めよ．

MEMO

## 演習問題

**9.5** なめらかな曲面上の高さ $h_A = 10.0\,\mathrm{m}$ の点Aから，質量 $m = 1.0\,\mathrm{kg}$ の小球Pを静かにはなしたところ，小球Pは曲面に沿って滑り降り，最下点Bを速さ $v_B$ で通過したのち，さらに曲面に沿って上り，高さ $h_C = 5.1\,\mathrm{m}$ の点Cを速さ $v_C$ で通過した．重力加速度の大きさを $9.8\,\mathrm{m/s^2}$ とする．

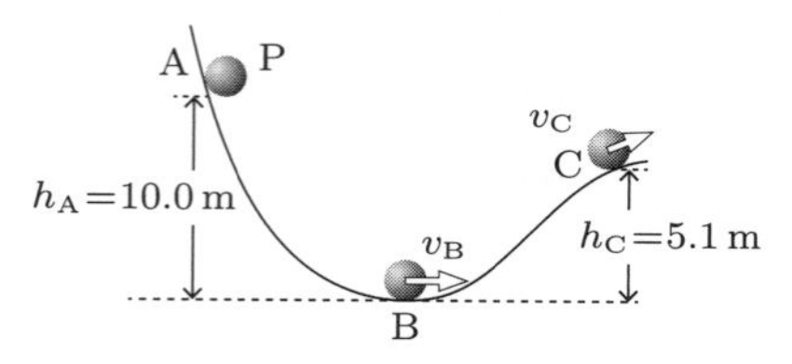


(1) 点Bを基準とし，点Aにおける小球Pの位置エネルギーを求めよ．

(2) 最下点Bを通過したときの小球Pの運動エネルギーと，速さ $v_B$ を求めよ．

(3) 点Cを通過したときの小球Pの速さ $v_C$ を求めよ．

**9.6** 図のようになめらかな曲面上の点Aから小球Pを静かにはなしたところ，小球Pは曲面に沿って滑り降り，曲面の端の点Bにおいて水平から上方へ角度60°で飛び出した．小球Pはそのあと放物運動をし，最高点Cに達した．点Bを基準としたときの点Aの高さを $h_{AB}$ とし，点Cの高さを $h_{CB}$ とする．重力加速度の大きさは $g$ とする．

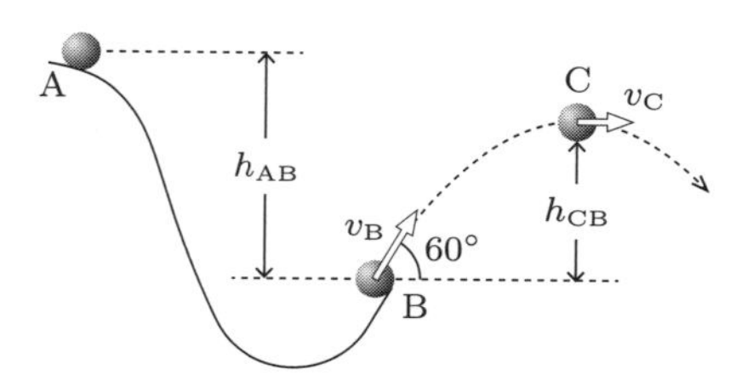


(1) 点Bを飛び出したときの小球Pの速さ $v_B$ を求めよ．

(2) 最高点Cにおける小球Pの速さ $v_C$ を求めよ．

(3) 点Bを基準とした点Cの高さ $h_{CB}$ を求めよ．

**9.7** 摩擦のない斜面上の点 A (高さ $H$) から質量 $m = 1.0\,\mathrm{kg}$ の小物体 P を滑り落とした．小物体 P は斜面の最下点 B を速さ $v = 2.80\,\mathrm{m/s}$ で通過したあと，摩擦のある水平な床面を $L = 0.80\,\mathrm{m}$ すべって点 C で止まった．斜面と床面は点 B においてなめらかにつながっており，重力加速度の大きさは $9.8\,\mathrm{m/s^2}$ とする．

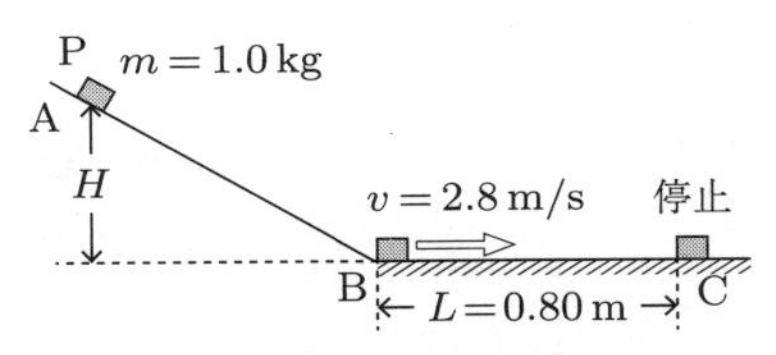


(1) 点 B を通過したときの小物体 P の運動エネルギーを求めよ．

(2) 水平面からの点 A の高さ $H$ を求めよ．

(3) BC の間で小物体 P にはたらく動摩擦力がした仕事を求めよ．

(4) 水平面で小物体 P にはたらく動摩擦力の大きさを求めよ．

**9.8** 十分軽く回転軸の摩擦が無視できるような定滑車がある．これと糸を用いて質量 $m$ のおもり A と質量 $M$ のおもり B をつり下げた．おもりの質量の大小は $M > m$ とし，重力加速度の大きさは $g$ とする．

おもりから手をはなす前は，おもり A とおもり B は図 (a) のように，同じ高さにあった．手をはなしてしばらくすると，図 (b) のように，両方のおもりはそれぞれ上下に $h$ の距離だけ移動し，このときのおもりの速さはどちらも $v$ であった．

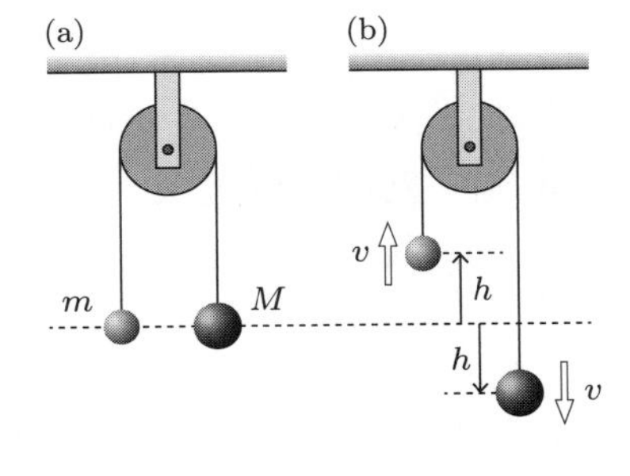


(1) 図 (a) の状態を基準としたとき，図 (b) の状態における両方のおもりの位置エネルギーの総和を求めよ．

(2) 図 (b) の状態にあるときの，力学的エネルギー保存則の式を立てよ．

(3) (2) で求めた式から，図 (b) の状態におけるおもりの速さ $v$ を求めよ．

# 円運動

## 等速円運動

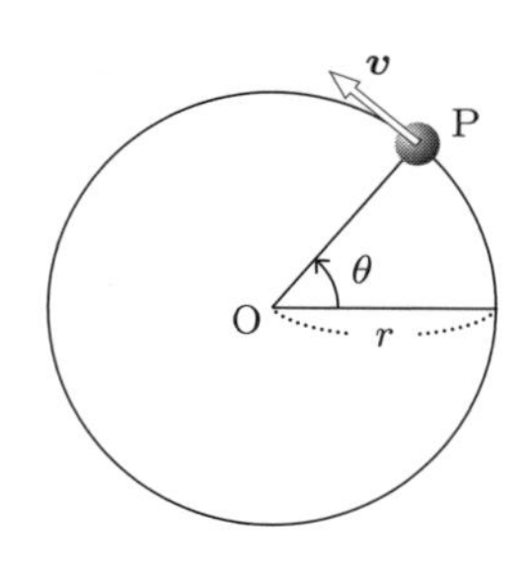


原点Oを中心とする半径 $r$ の円周上を，質点Pが一定の速さ $v$ で移動するような運動を等速円運動という．質点の円周上での位置は回転角 $\theta$ を使って指定できる．単位時間あたりに回転する角度を角速度とよび，$\omega$ で表す．回転角，時間，角速度は以下の関係にある．

$$\omega = \frac{\theta}{t}, \qquad \theta = \omega t$$

回転角の単位を [rad] (ラジアン)，時間の単位を [s] (秒) で測ると，角速度の単位は [rad/s] (ラジアン毎秒) となる．また1秒あたりの回転数 $f$ は

$$f = \frac{\omega}{2\pi}$$

となる．

等速円運動の周期 $T$ は，円周を一周するのにかかる時間，あるいは回転角が $2\pi$ になるのに必要な時間と考えればよいので，

$$T = \frac{2\pi r}{v} = \frac{2\pi}{\omega}$$

と表される．速さ $v$ は単位時間あたりに移動した円周の長さに対応するので，角速度 $\omega$ とは以下の関係にある．

$$v = r\omega$$

等速円運動は角速度一定の運動ともいえる．等速円運動の速度の方向は質点がある場所における軌道の接線方向であり，常に変化している．

## 等速円運動の直交座標表示

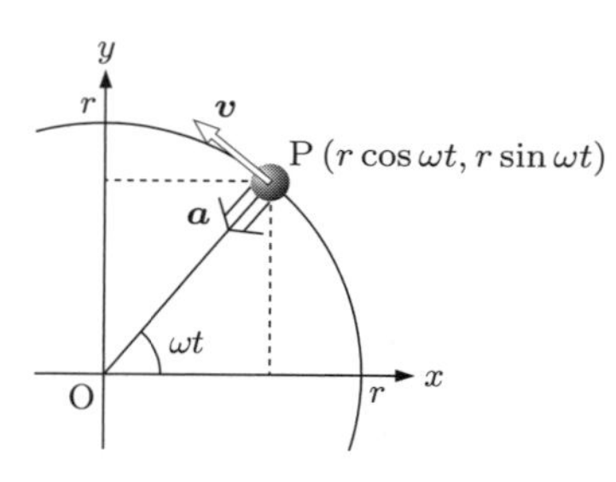


回転中心を原点とする直交座標系をとると，等速円運動する質点の位置 $\boldsymbol{r}$ は回転半径と回転角を使って以下のように表される．

$$\boldsymbol{r} = (x, y) = (r\cos\theta, r\sin\theta) = (r\cos\omega t, r\sin\omega t)$$

位置の時間変化が速度であるから，速度 $\boldsymbol{v}$ は

$$\boldsymbol{v} = (v_x, v_y) = \left(\frac{\mathrm{d}x}{\mathrm{d}t}, \frac{\mathrm{d}y}{\mathrm{d}t}\right) = (-r\omega\sin\omega t, r\omega\cos\omega t)$$

同様に，加速度は

$$\boldsymbol{a} = (a_x, a_y) = \left(\frac{\mathrm{d}v_x}{\mathrm{d}t}, \frac{\mathrm{d}v_y}{\mathrm{d}t}\right) = (-r\omega^2\cos\omega t, -r\omega^2\sin\omega t)$$

ここで，位置 $\boldsymbol{r}$ と加速度 $\boldsymbol{a}$ を比較すると

$$\boldsymbol{a} = -\omega^2\boldsymbol{r}$$

とかける．右辺の符号が – (マイナス) であることから，加速度は常に位置ベクトルと逆の方向，すなわち円の中心方向を向いていることがわかる．そのため加速度のことを向心加速度とよぶこともある．

速度と加速度の大きさはそれぞれ以下のように得られる．

$$v = \sqrt{{v_x}^2 + {v_y}^2} = r\omega$$

$$a = \sqrt{{a_x}^2 + {a_y}^2} = r\omega^2 = \frac{v^2}{r}$$

### 等速円運動の運動方程式

等速円運動の加速度は円の中心方向を向いているが，$m\boldsymbol{a} = \boldsymbol{F}$ の関係より，質点にはたらく力もまた円の中心方向を向いている．この等速円運動を引き起こす力は向心力とよばれる．向心力の大きさを $F$ とすると，等速円運動の運動方程式は

$$mr\omega^2 = F \quad \text{または} \quad m\frac{v^2}{r} = F$$

となる．

### 向心力と遠心力

物体は向心力を受けて等速円運動する．しかし，物体とともに運動している観測者から見ると，物体は向心力と，向心力と大きさが等しく逆向きの何らかの力を受けて静止しているように見える．この見かけの力を遠心力とよぶ．

### 惑星と人工衛星の運動

惑星は厳密には楕円軌道を描いて太陽のまわりを公転しているが，その円軌道からのずれは微々たるものである．よって惑星の運動はほとんど円軌道とみなすことができる．惑星の公転を引き起こしている向心力は太陽と惑星の間にはたらく万有引力である．質量がそれぞれ $M, m$ の，距離が $r$ だけ離れた物体間にはたらく万有引力の大きさ $F$ は

$$F = G\frac{mM}{r^2}$$

と表される．$G$ は万有引力定数とよばれ，$G = 6.673 \times 10^{-11}\,\mathrm{N \cdot m^2/kg^2}$ の値をとる．惑星と太陽にはたらく万有引力を考える場合，$m$ と $M$ はそれぞれ惑星と太陽の質量となり，

$r$ は軌道半径となる．よって，軌道を円軌道と考えると，惑星の運動方程式は

$$mr\omega^2 = G\frac{mM}{r^2} \quad \text{または} \quad m\frac{v^2}{r} = G\frac{mM}{r^2}$$

となる．同様に，地球を回る人工衛星は地球と人工衛星の間にはたらく万有引力が向心力となって運動している．

### ■重力と万有引力■

地球上にある質量 $m$ の物体にはたらく重力は，地球 (質量 $M$) と物体の間にはたらく万有引力であるともいえる．よって，重力加速度の大きさを $g$ とすると，

$$mg = G\frac{mM}{r^2} \quad \text{より} \quad g = \frac{GM}{r^2}$$

の関係が得られる．ここで $r$ は地球の半径である．

### ■第一宇宙速度と第二宇宙速度■

地表面すれすれの高さから水平に打ち出された物体が，弾道飛行せずに (落下せずに) 地球を周回するのに必要な最小の速さのことを第一宇宙速度という．第一宇宙速度で運動する物体は重力を向心力とした等速円運動をしている．また打ち出された物体が地球の重力を振り切って，戻ってこないために必要な最小の速さを第二宇宙速度とよぶ．

第二宇宙速度は，物体の持つ力学的エネルギーから求めることができる．物体の持つ位置エネルギーは，地球中心から無限遠の距離にある場所を基準点にとると，

$$U(r) = -\int_{\infty}^{r}\left(-G\frac{mM}{r^2}\right)\mathrm{d}r = -G\frac{Mm}{r}$$

とかける．よって物体のもつ力学的エネルギーの大きさは

$$E = \frac{1}{2}mv^2 - G\frac{Mm}{r}$$

となる．万有引力は保存力であるために $E$ は一定なので，$E \geq 0$ ならば (無限遠における力学的エネルギーが 0 よりも大きければ) 物体は無限遠においても速さを持つことになり，重力を振り切ることができるといえる．この条件を満たす最小の速さが第二宇宙速度である．さらに速度を増し，太陽の重力圏を脱出するのに必要な最小の速さは第三宇宙速度とよばれる．

### 例題 10.1 等速円運動

**1.** 半径 $r = 0.30\,\mathrm{m}$ の円軌道上を 1.0 秒間に 5.0 周の割合で回転している物体がある．この等速円運動について，次の量を求めよ．

(1) 周期 $T$

(2) 角速度 $\omega$

(3) 速さ $v$

(4) $t = 0$ に $(x, y) = (0.3, 0)$ を出発し，反時計回りに等速円運動を行ったとする．任意の時刻 $t$ における位置 $\boldsymbol{r}(t) = (x, y)$ を円の半径 $r = 0.3$ と (2) で求めた $\omega$ を用いて表せ．

**2.** 摩擦のない水平面上を半径 $r$，角速度 $\omega$ で等速円運動する物体 P (質量 $m$) の位置ベクトル $\boldsymbol{r}$ の成分表示が次のように与えられた．

$$\boldsymbol{r} = (r\cos\omega t,\ r\sin\omega t)$$

以下の問いに答えよ．

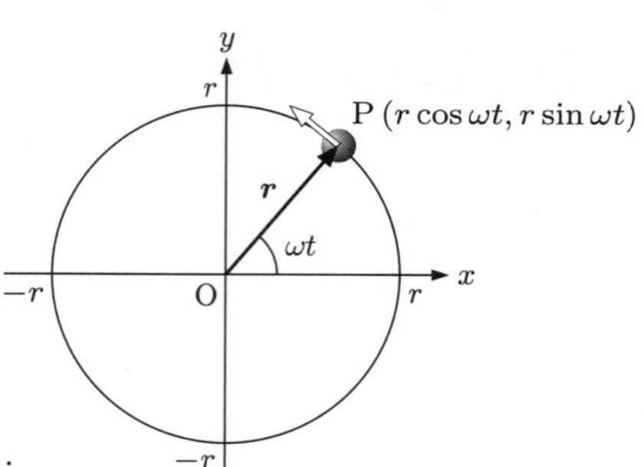


(1) 物体 P の速度ベクトル $\boldsymbol{v}$ の成分表示を求めよ．

(2) 物体 P の運動エネルギー $K$ を求めよ．

(3) 物体 P にはたらく向心力ベクトル $\boldsymbol{F}$ の成分表示を求めよ．

**3.** 右図のように，摩擦のない水平面上で長さ $r = 0.40\,\mathrm{m}$ の糸の一端を固定されたピンに結び，他端に質量 $m = 0.50\,\mathrm{kg}$ の小球をつけた．この小球をピンを中心として速さ $v = 2.0\,\mathrm{m/s}$ で等速円運動をさせる．次の問いに答えよ．

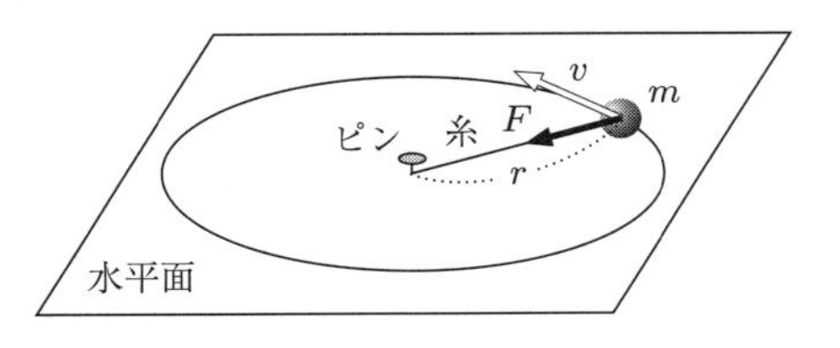


(1) この円運動について次の量を求めよ．

① 周期 $T$

② 回転数 $f$

③ 角速度 $\omega$

(2) この円運動で向心力となっている力 $F$ は何か答えよ．

(3) 向心力 $F$ の大きさを求めよ．

MEMO

## 演習問題

***10.1***　右図のように，摩擦のある回転台上で中心軸から $r = 0.50\,\mathrm{m}$ のところに質量 $m = 0.20\,\mathrm{kg}$ の小物体を置いて，周期 $T = 4.0\,\mathrm{s}$ で等速円運動させた．次の問いに答えよ．

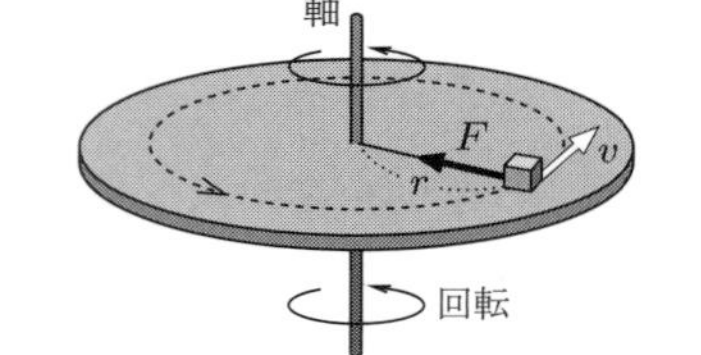


(1) この円運動について次の量を求めよ．

① 回転数 $f$

② 角速度 $\omega$

③ 小物体の速さ $v$

(2) 向心力 $F$ の大きさを求めよ．

***10.2***　太陽系の惑星の軌道長半径 $a$ と公転周期 $T$ の間には $T^2/a^3 = C$ (一定) という関係 (ケプラーの第三法則) が成り立つ．火星の軌道長半径は地球の約 1.5 倍である．火星の公転周期はおよそ何年か (地球の何倍か) 求めよ．

***10.3***　長さ $L$ の軽い糸で質量 $m$ のおもり (小球) をつるした振り子がある．糸が水平になる位置までおもりを引き上げ，静かに手をはなした．すると，おもりは右図のように円弧を描いて落下した．糸の張力を $\boldsymbol{T}$，重力加速度の大きさは $g$ とする．

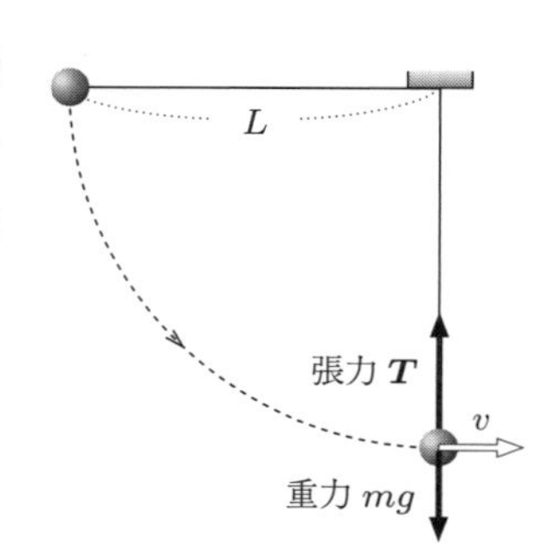


(1) 最下点を通過するときのおもりの速さ $v$ を求めよ．
(ヒント：力学的エネルギー保存則を適用する)

(2) おもりは糸の始点を中心とした半径 $L$ の円運動を行っている．ある瞬間のおもりの速さを $v$ とすると，向心力はどのような式で表されるか．

(3) 最下点を通過するとき，向心力，糸の張力，重力の 3 つの力を考えて，糸の張力を求めよ．

***10.4*** 地球上から人工衛星や惑星探査機を打ち上げることを考える．地球の質量を $M_{\mathrm{E}}$，万有引力定数を $G$，地球の半径を $R_{\mathrm{E}}$ とし，重力以外の力はすべて無視できるものとして以下の問いに答えよ．

(1) 質量 $m$ の人工衛星を打ち上げるのに必要な最小の速さ $v_{\mathrm{cir}}$ を求めよ．地球の中心から $r$ 離れた円軌道を速さ $v$ で周回する質量 $m$ の物体に生じる遠心力の大きさは $\dfrac{mv^2}{r}$ とかけること，重力の大きさは $\dfrac{GM_{\mathrm{E}}m}{r^2}$ とかけることは断りなく用いてよい．

(2) 人工衛星を地球の重力圏から脱出させるのに必要な速さ $v$ を求めよ．ただし無限遠方を基準とし，地球中心から $r$ 離れた地点での質量 $m$ の物体がもつポテンシャルエネルギー (ここでは万有引力による位置エネルギー) は $-\dfrac{GM_{\mathrm{E}}m}{r}$ とかけることは断りなく用いてよい．

# 単振動

## 単振動

重りをばねにつけてつるし，つり合いの位置から少し下に引いてはなすと重りは同じ直線上を往復する．このような運動のことを単振動とよぶ．振動の中心から端までの長さを振幅とよぶ．一往復にかかる時間は周期とよび，$T$ で表す．また1秒あたりの往復回数を振動数とよび，$f$ で表す．周期と振動数の間には以下の関係が成り立つ．

$$f = \frac{1}{T}\ [\mathrm{s}^{-1}]$$

振動数の単位 $[\mathrm{s}^{-1}]$ を特に [Hz] (ヘルツ) とよぶ．

## 単振動の位置・速度・加速度

等速円運動を，運動面の法線ベクトルと直交する方向 (円運動の遠心力方向) から見ると (すなわち運動面を真横から見ると)，物体は一直線上を単振動しているように見える．単振動する物体の位置 $x$ は

$$x = A\sin(\omega t + \phi)$$

で表される．$A$ は振幅，$\omega$ は角振動数，$\phi$ は物体の初期位置によって決まる定数で初期位相とよばれる．振動の周期，振動数と角振動数の間には以下の関係が成り立つ．

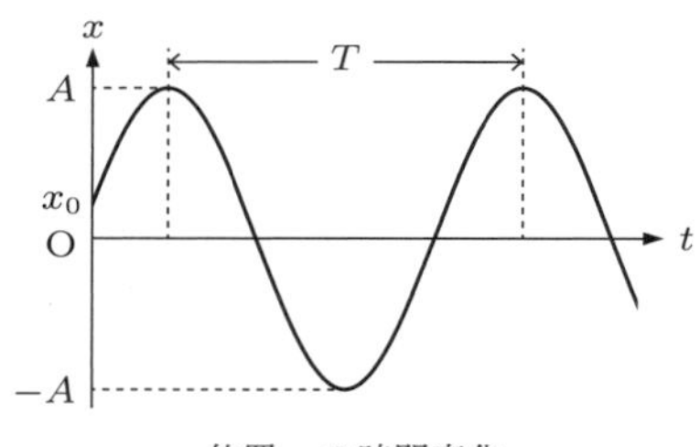

位置 $x$ の時間変化
$x = A\sin(\omega t + \phi)$
初期位置 $x_0 = A\sin\phi$

$$T = \frac{1}{f} = \frac{2\pi}{\omega}, \qquad \omega = 2\pi f$$

位置を時間微分すれば速度が，速度を時間微分すれば加速度が求まる．よって単振動の速度 $v$ と加速度 $a$ は以下のようになる．

$$v = \frac{\mathrm{d}x}{\mathrm{d}t} = A\omega\cos(\omega t + \phi)$$

$$a = \frac{\mathrm{d}v}{\mathrm{d}t} = -A\omega^2\sin(\omega t + \phi)$$

また，位置と加速度の式を見比べると

$$a = -\omega^2 x$$

の関係が得られる．

### 単振動を引き起こす力

単振動している質量 $m$ の物体にはたらく力は，運動方程式 $ma = F$ より

$$F = -m\omega^2 x = -Kx \quad (K \text{ は定数})$$

となり，物体は振動中心からの距離に比例した，振動の中心向きの力を受けて運動していることがわかる．単振動を起こすこのような力を弾性力や復元力とよぶ．逆に，弾性力 (復元力) をうけて運動する物体は単振動しているともいえる．水平面上でばねにつながれた物体は，ばねが自然長になる点を中心として単振動するが，$x$ をばねの伸び縮みの長さとすると，復元力の比例定数 $K$ の値はばね定数と一致する．

定数 $K$ と角振動数 $\omega$，周期 $T$ の間には以下の関係が成り立つ．

$$\omega = \sqrt{\frac{K}{m}}$$

$$T = \frac{2\pi}{\omega} = 2\pi\sqrt{\frac{m}{K}}$$

**例題 11.1　単振動**

**1.** 物体の変位 $x$ [m] が時間 $t$ [s] の関数として，$x = 0.3\sin\pi t$ と表される単振動について，次の問いに答えよ．

(1) 振幅 $A$，角振動数 $\omega$，振動数 $f$，周期 $T$ を求めよ．

(2) 速度の最大値 $v_{\mathrm{max}}$ を求めよ．

(3) 加速度の最大値 $a_{\mathrm{max}}$ を求めよ．

**2.** 図は，単振動する物体の振動の中心からの位置 $x$ [m] と時間 $t$ [s] のグラフである．$x$ を $t$ の関数として表せ．

(1)

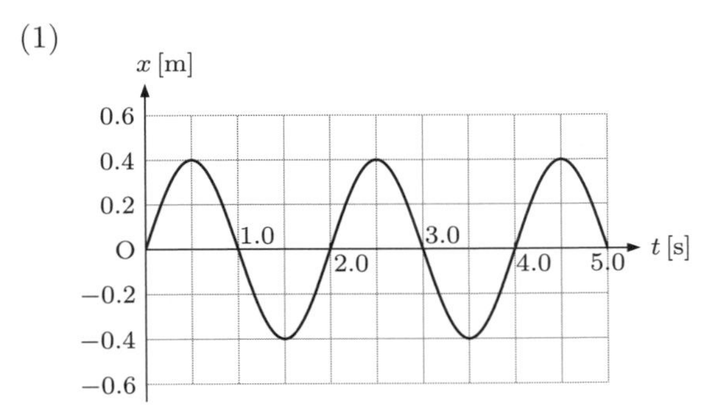


(2)

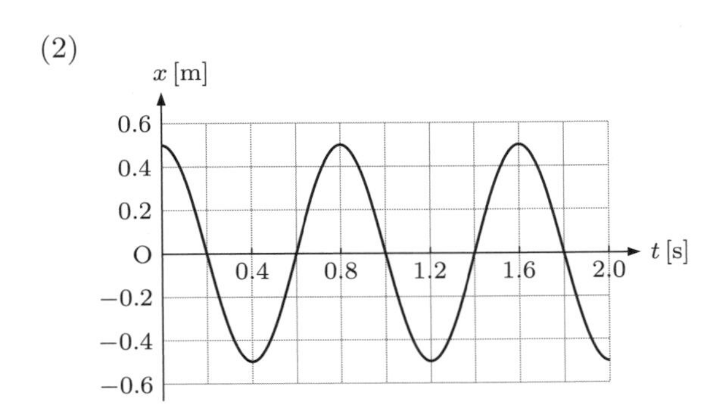


MEMO

## 演習問題

**11.1**　長さ 19.6 m の長いブランコに乗って小さめに漕ぐことを考える．このブランコの運動は単振動と近似できるが，その周期は何秒か答えよ．ただし重力加速度の大きさは $9.8\,\mathrm{m/s^2}$ とする．

**11.2**　ばね定数 $k = 40\,\mathrm{N/m}$ のばねに，質量 $m = 0.40\,\mathrm{kg}$ の小球をつけた水平ばね振り子がある．つり合いの位置 O から $A = 0.080\,\mathrm{m}$ だけ伸ばしてから小球を静かにはなしたら，単振動をはじめた．次の問いに答えよ．

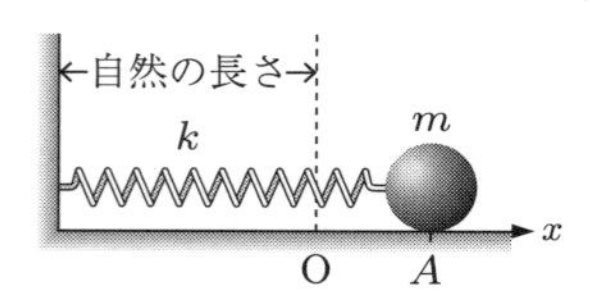


(1) この振り子の周期 $T$ を求めよ．

(2) 振動の中心 O から右向きを正として小球の位置 $x$ [m] を表す座標をとるとき，この振り子の単振動を表す式を時間 $t$ [s] の関数として表せ．

(3) 振動の中心 O を通過するときの小球の速さは最も大きくなる．その速さ $v_0$ を求めよ．

**11.3**　ばね定数 $k = 6\,\mathrm{N/m}$ のばねに，質量 $m = 2\,\mathrm{kg}$ の小球をつけた水平ばね振り子がある．つり合いの位置 O から 1 m だけ縮めた状態から小球を初速度 $v(t = 0) = +3\,\mathrm{m/s}$ の速度ではじいた．このとき物体は単振動を行う．次の問いに答えよ．

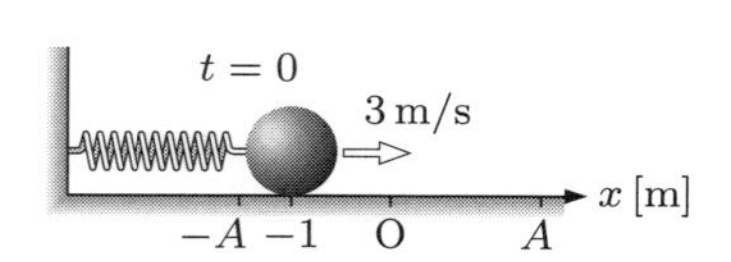


(1) この振り子の角振動数 $\omega$ と周期 $T$ を求めよ．

(2) 単振動を行う限り物体がはじめ ($t = 0$) にもっていた力学的エネルギーは保存される．その力学的エネルギーの量 $E$ を求めよ．

(3) 単振動の振幅 $A$ を求めよ．

(4) この単振動の位置を時間の関数として cos を用いて表すことを考える．$x = A\cos(\omega t + \phi)$ とおくと，振幅 $A$ と角振動数 $\omega$ はすでに求まっているが，初期位相 $\phi$ はいくらか．初期条件から $\phi$ を求めよ．

***11.4*** 質量 $m = 8000\,\mathrm{kg}$ の円筒形 (底面積 $S = 2\,\mathrm{m}^2$，長さ $10\,\mathrm{m}$) の物体を海 (海水の密度：$\rho = 1000\,\mathrm{kg/m}^3$) に浮かべることを考える．重力加速度の大きさを $g = 9.8\,\mathrm{m/s}^2$ として，以下の問いに答えよ．

(1) 海面に対して垂直に円筒を沈めていったところ，ある長さ $\ell\,[\mathrm{m}]$ まで円筒が海面に浸かったときに力がつり合い静止した．$\ell$ を求めよ．

(2) 静止している状態から，重機で円筒を叩き初速度を与えてやると，円筒は単振動で近似される運動を行う．つり合いの位置から $x\,[\mathrm{m}]$ だけ沈んだ位置に円筒があるとき，円筒にはたらく合力 $F(x)$ を求めよ．ただし $x$ 座標はつり合いの位置を原点とし下向きを正とする．また海水の粘性は無視できるものとする．

(3) 前問で求めた力は復元力になっているはずである．そのことから，物体が行う単振動の周期 $T\,[\mathrm{s}]$ を求めよ．

# 剛体の運動

## 質点と剛体，並進運動と回転運動

これまで様々な物体の運動を考えてきたが，実はこれらの運動における物体は，大きさが無視でき質量だけを持つ，質点とよばれる仮想的な物体だった．これに対して，大きさを持ち，力を加えても決して変形しない仮想的な物体を剛体とよぶ．質点の運動は平行移動 (並進運動) だけを考慮すれば十分であるが，剛体の運動ではそれに加えて回転運動も考慮しなければならない．すなわち一般に剛体の運動は，重心の並進運動と重心まわりの回転運動とが合成された運動となる (重心については 103 ページを参照)．

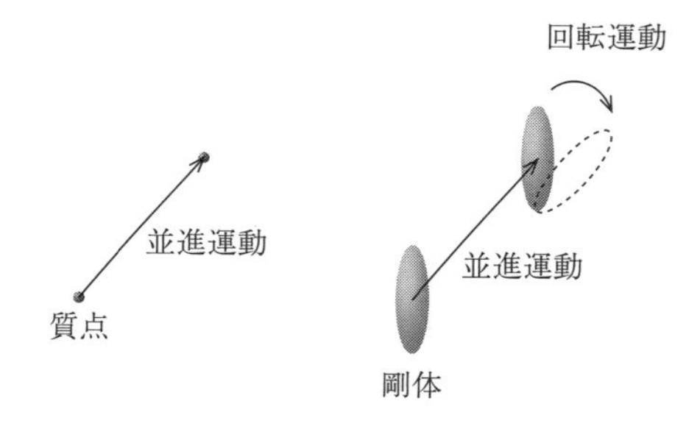


## てこの原理と力のモーメント

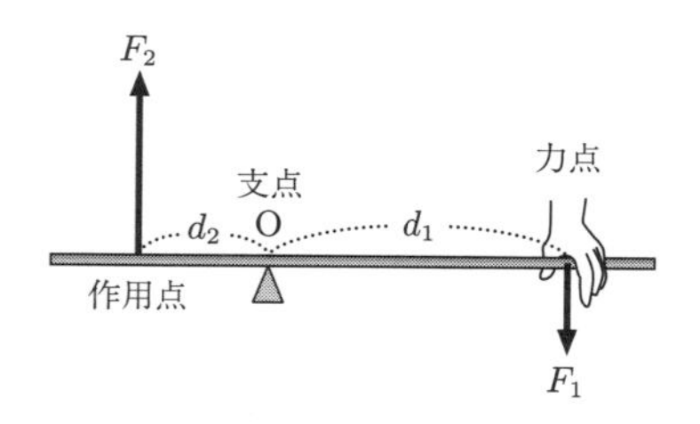


図のように，剛体棒を支点 (回転軸)O のまわりで回転できるように設置し，O から右に $d_1$ はなれた力点において剛体棒に対して垂直に $F_1$ の大きさの力を下向きにかけると，O から左に $d_2$ はなれた作用点では $F_2$ の力が剛体棒に対して垂直上向きに生じ，剛体棒は時計回りに回転する．これは「てこ」という単純器械の動作原理である．このとき支点からの距離と，力の大きさとの関係は，

$$d_1F_1 = d_2F_2$$

となる．これを「てこの原理」とよぶ．力点における力 $F_1$ は，てこを時計回り (右回り) に回転させる力であるが，支点 O からの距離 $d_1$ が $d_2$ よりも長ければ，作用点では $F_1$ よりも大きな力 $F_2$ を生み出すことができる．

回転軸 O からの距離 (うでの長さ)$d$ と力の大きさ $F$ との積

$$M = dF$$

は，大きさを持つ物体を回転軸 O のまわりに回転させるはたらきのみなもとである．この積 $M$ のことを「O のまわりの力のモーメント，またはトルク」とよぶ．力のモーメント (トルク) の単位は定義から，N·m である．力のモーメントは，回転の方向で正負を決めることができる．反時計回り (左回り) を正とし，時計回り (右回り) を負とする場合が多い[1]．

てこの原理では，棒に垂直にかかる力の大きさと支点からの距離 (うでの長さ) の積として力のモーメントを定義したが，一般に棒に対して垂直ではない力がかかる場合の力のモーメントも定義できる．この場合，回転軸と力の作用点を結ぶ直線が力の方向 (力の作用線) と平行でないとき物体は回転する．回転を生み出す力が，うでの方向と $\theta$ の角度をもつとすると，力のモーメントの大きさ $M$ は

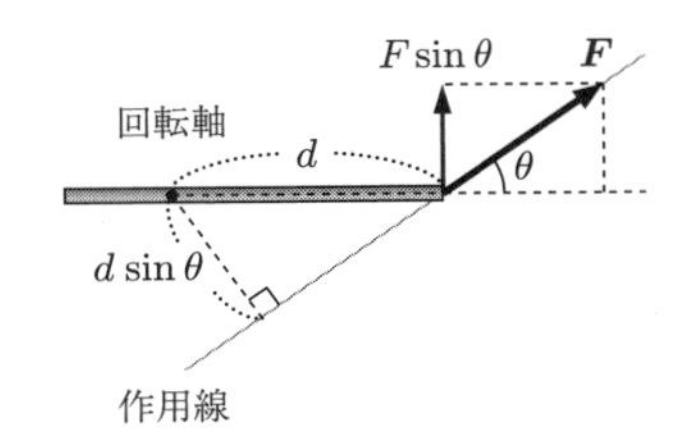


$$M = Fd\sin\theta = F\sin\theta \times d$$

となる．回転軸と力の作用点を結ぶ直線が力の方向 (力の作用線) と平行ならば，$\theta = 0$ であるから，$M = 0$ となり物体は回転しない．

### 剛体のつり合い

質点の場合の力のつり合い (複数の力がかかっていても物体が静止している) の条件は，質点にはたらくすべての力のベクトルの和がゼロとなることだった．これは質点が並進運動しないための条件である．同様に，大きさを持つ物体のさまざまな位置に，さまざまな大きさの力がさまざまな方向にかかっている状態を考える．剛体の運動は，並進運動と回転運動の 2 つがあるから，まず剛体が並進運動しないための条件は質点のつり合いの場合と同様に，**剛体にはたらくすべての力のベクトルの和がゼロとなる**ことである．さらに，剛体が回転しないための条件は，**剛体にはたらく任意の点のまわりの力のモーメントの和がゼロとなる**ことである．以上から，剛体のつり合い (剛体に複数の力がかかっているにもかかわらず，並進運動も回転運動もせず静止している) の条件は，各点にかかる力を $\boldsymbol{F}_1, \boldsymbol{F}_2, \boldsymbol{F}_3, \ldots$ とし，力のモーメントを $M_1, M_2, M_3, \ldots$ とすると，

$$\boldsymbol{F}_1 + \boldsymbol{F}_2 + \boldsymbol{F}_3 + \cdots = \boldsymbol{0}: \text{ 並進運動}$$

$$M_1 + M_2 + M_3 + \cdots = 0: \text{ 回転運動}$$

---

[1] ところで，力のモーメントの正負を考えることは，力のモーメントはベクトルとして考えることも出来るということである．左回りを正にとるということは，力のモーメントは，支点から力点への変位 (うでの長さ) を表すベクトル $\boldsymbol{d}$ と，力を表すベクトル $\boldsymbol{F}$ との外積として定義され，ベクトルを使って表すと，$\boldsymbol{M} = \boldsymbol{d} \times \boldsymbol{F}$ となる．すなわち力のモーメントを表すベクトル $\boldsymbol{M}$ は，ベクトル $\boldsymbol{d}$ をベクトル $\boldsymbol{F}$ の方向と同じになるように回転させたときに，$\boldsymbol{d}$ にも $\boldsymbol{F}$ にも垂直な右ネジが進む方向を持ち，$\boldsymbol{d}$ と $\boldsymbol{F}$ がつくる平行四辺形の面積を大きさとして持つベクトルということになる．

なお，原点のまわりで回転運動する質点の角運動量 $\boldsymbol{L}$ は，原点からの位置ベクトル $\boldsymbol{r}$ と運動量 $\boldsymbol{p}$ との外積として定義されるベクトル量で，$\boldsymbol{L} = \boldsymbol{r} \times \boldsymbol{p}$ とかける．

となる．

**剛体にはたらく2つの力の合成と偶力**

複数の力の合成は最終的には2つの力の合成に帰着できる．ある1つの平面内で剛体にはたらく2つの力の合成を考えるには，これらの2力が平行かそうでないかによって場合を分ける．

剛体に $\boldsymbol{F}_1$ と $\boldsymbol{F}_2$ の力がはたらいているとき，合力 $\boldsymbol{F}$ を求めることにしよう．

- 2力が平行でない場合

  $\boldsymbol{F}_1$ と $\boldsymbol{F}_2$ をそれぞれの辺とする平行四辺形の対角線方向に合力が得られる．

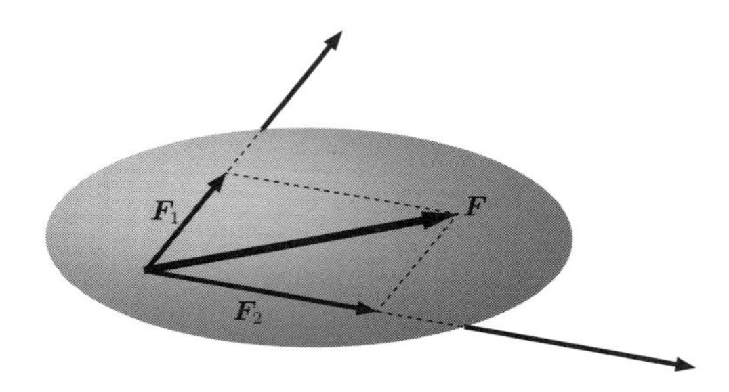


- 2力が平行で同じ向きの場合

  剛体に $\boldsymbol{F}_1$ と $\boldsymbol{F}_2$ がはたらいており，この2力とつり合う力を $\boldsymbol{F}_3$ とすると，合力 $\boldsymbol{F}$ は $\boldsymbol{F}_3$ と逆向きで大きさが $\boldsymbol{F}_1 + \boldsymbol{F}_2$ となる．合力 $\boldsymbol{F}$ が点Oを通る作用線上に生じるとして，$\boldsymbol{F}_1, \boldsymbol{F}_2$ の作用線が剛体と交差する点A，点Bの点Oからの距離をそれぞれ $l_1$，$l_2$ とすれば，つり合いの条件(てこの原理)から，$l_1F_1 - l_2F_2 = 0$ より，点Oは $l_1 : l_2 = F_2 : F_1$ が成り立つ位置にある．したがって，合力 $\boldsymbol{F}$ の作用線は，図中の線分ABを $F_2 : F_1$ に内分する．

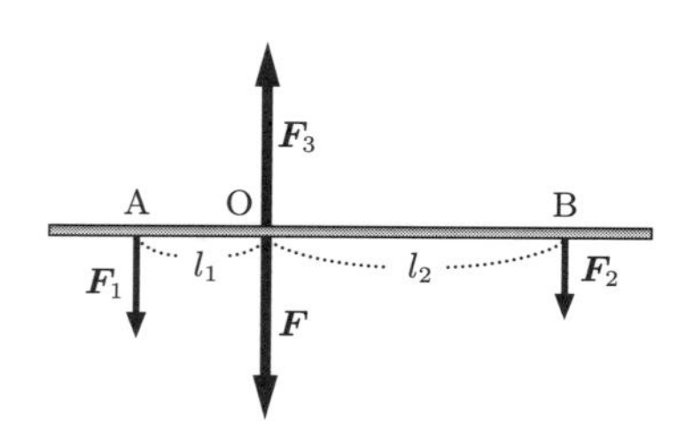


- 大きさの異なる2力が平行で逆向きの場合

  図のように剛体に $\boldsymbol{F}_1$ と $\boldsymbol{F}_2$ がはたらいており，$\boldsymbol{F}_1$ は $\boldsymbol{F}_2$ より大きいとすると，これらの2力とつり合う力 $\boldsymbol{F}_3$ は，上向きにはたらく．合力 $\boldsymbol{F}$ は $\boldsymbol{F}_3$ と逆向きで大きさが $|\boldsymbol{F}_1 - \boldsymbol{F}_2|$ であり，合力Fが点Oを通る作用線上にかかるとして，点A，点Bと点Oの距離をそれぞれ $l_1, l_2$ とすると，つり合いの式は $-l_1F_1 + l_2F_2 = 0$ となり，合力がはたらく位置は線分ABを $F_2 : F_1$ に外分する．

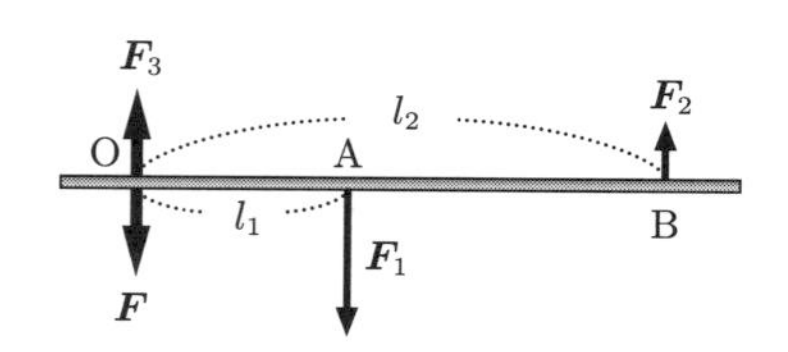

• 偶力の場合

平行で逆向きの同じ大きさの 2 力が剛体にはたらく場合，2 力を 1 対のものと考え，この 1 対を偶力という．図のように点 C のまわりに大きさ $F$ の 2 つの力があり，作用線の距離を $L$ とする．線分 AB の間に点 C をとり，点 A からの距離を $x$ としよう．このときの C のまわりでの力のモーメントの和 (偶力のモーメント) は，$Fx + F(L - x) = FL$ となり C からの距離 $x$ によらない．すなわち，線分 AB を外分する点 (作用点) が存在しないから，この 2 力を合成することはできない．また，偶力は剛体を回転させる働きをもつだけで，並進運動させることはできない．

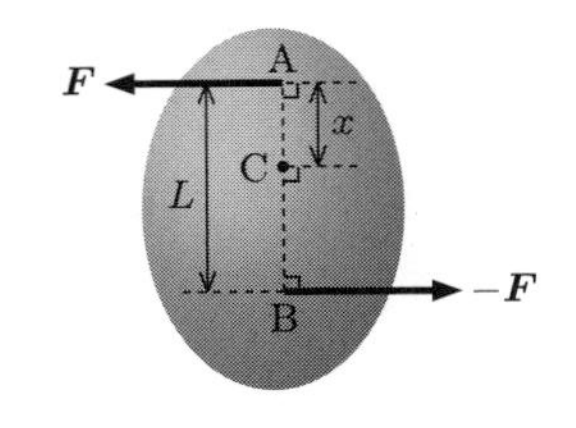


## 重心

物体に大きさがあると，物体の各部分に重力がはたらくが，これらの合力の作用点として考えられる点が 1 つだけある．これを物体の重心とよぶ．重心で物体を支えると，物体は回転しない．

では，質量が $m_1, m_2$ の質点が，軽く細い剛体棒で連結されているとき，この物体の重心 G の位置座標 $(x_G, y_G)$ を考えてみよう．図のように各質点の座標はそれぞれ $(x_1, y_1), (x_2, y_2)$ であるとし，$y$ 軸の負の方向に重力加速度 $g$ がかかっているとする．

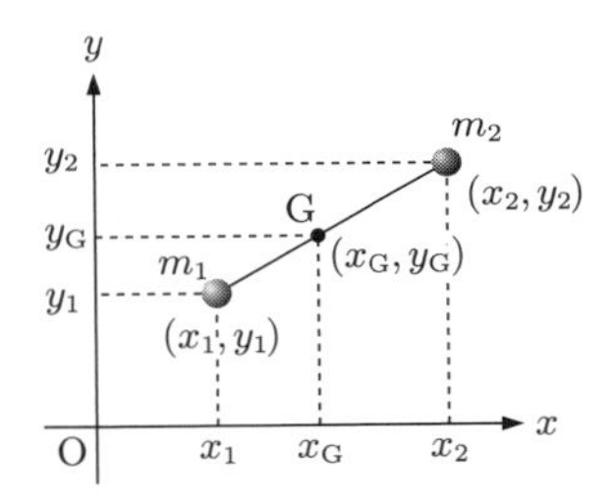


質点 $m_1, m_2$ が G のまわりで回転しない条件は，

$$(x_G - x_1)m_1 g = (x_2 - x_G)m_2 g \text{ より}$$

$$x_G(m_1 + m_2)g = (x_1 m_1 + x_2 m_2)g$$

したがって G の $x$ 座標は，

$$x_G = \frac{x_1 m_1 + x_2 m_2}{m_1 + m_2}$$

同様に，$y$ 座標は，

$$y_G = \frac{y_1 m_1 + y_2 m_2}{m_1 + m_2}$$

となる．

**例題 12.1**

**1.** 軽い棒に支点をとりつけて，てこを作り，図のようにおもりをつり下げた．図の矢印の位置で，てこを上から垂直におさえて，てこが回転しないようにしたい．このときに必要な力の大きさを求めよ．重力加速度の大きさは $10.0\,\mathrm{m/s^2}$ として良い．

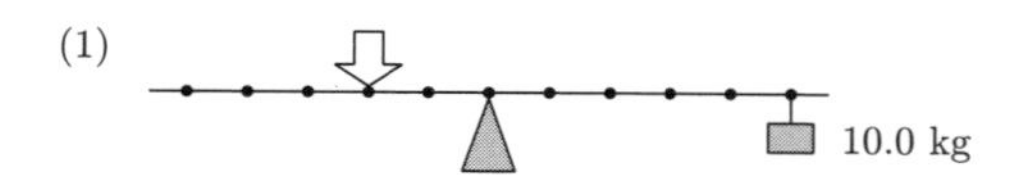


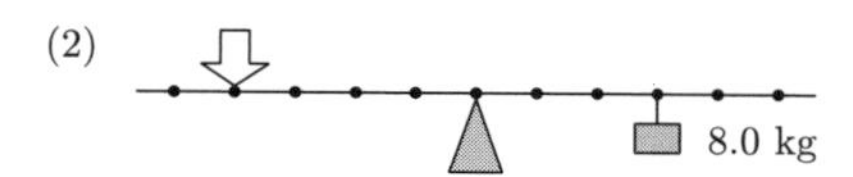


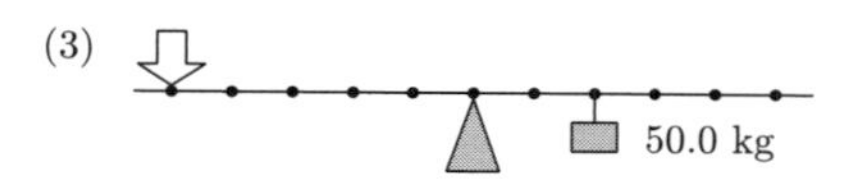


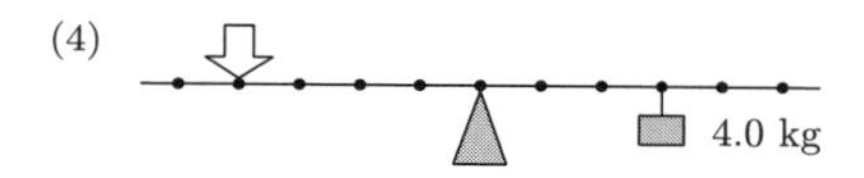


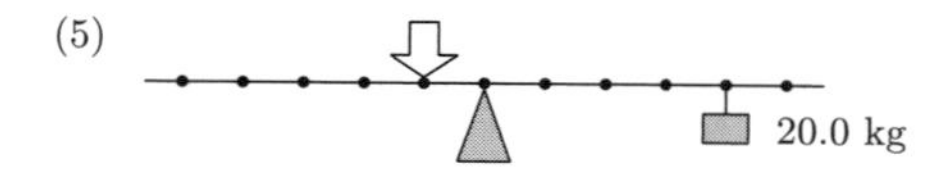

**2.** 一様で軽い剛体円盤が水平に置かれており，円盤の中心 O のまわりになめらかに回転する．図に示す各点に 3 つの力がかかっており，円盤はつり合いの状態にあるとする．なお，図の上向きを力の正の方向にとり，左回りを正の回転とする．

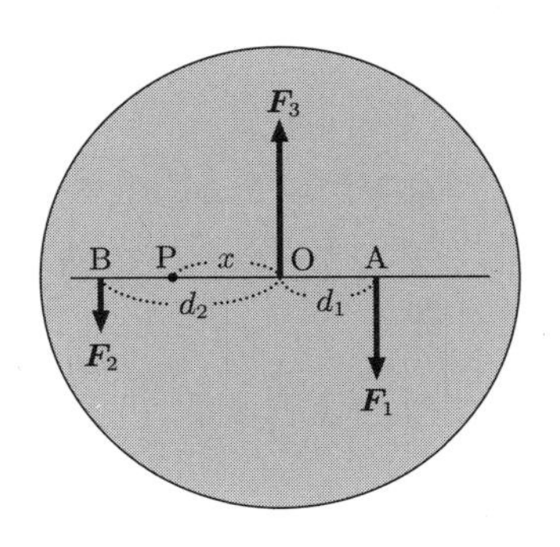


(1) 力のつり合いの式をかけ．

(2) 点 O のまわりの力のモーメントのつり合いの式をかけ．

(3) この状態で点 O から左に $x$ 離れた点 P のまわりでの力のモーメントの和を計算し，(1) が成り立つとき，ある 1 つの点のまわりで (2) が成り立てば，任意の点のまわりでも力のモーメントの和が 0 となることを証明せよ．

MEMO

## 演習問題

**12.1**　以下の場合の力のモーメントを求めよ．O は回転中心とし，左回りを正の回転とする．必要ならば以下の値を用いよ．

$$\sin 30^\circ = \frac{1}{2},\ \cos 30^\circ = \frac{\sqrt{3}}{2},\ \tan 30^\circ = \frac{1}{\sqrt{3}}$$

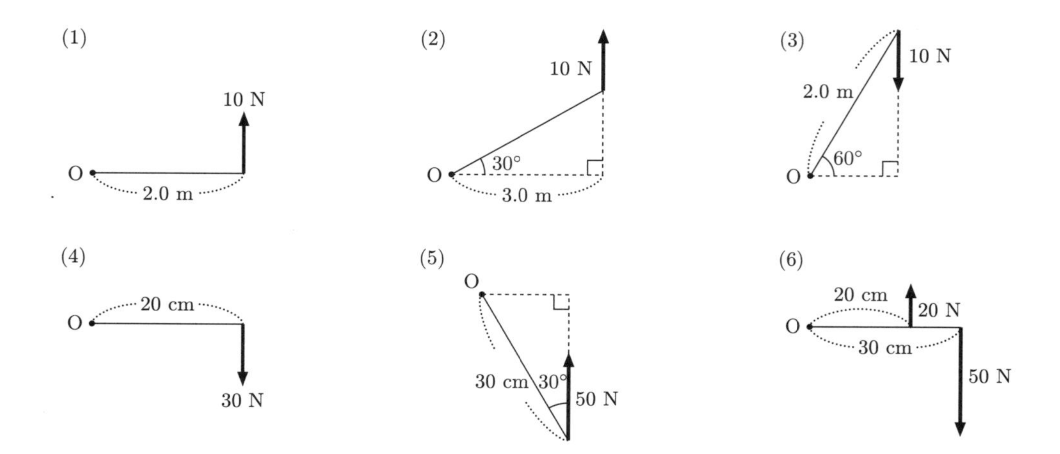


**12.2**　図のように，軽い棒の A, B, C 点におもりをつるしたところつり合った．OA, OB, OC の長さはそれぞれ 4 m，1 m，4 m で，A, C 点につるしたおもりの質量はそれぞれそれぞれ 1 kg，0.5 kg である．B につるしたおもりの質量は何 kg か．

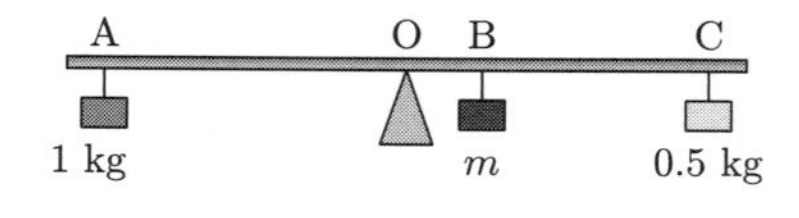

***12.3*** スパナを用いてボルトを締める．スパナの長さは 20.0 cm として，図のように柄の先で，柄の方向から 30 度の方向に 6.0 N の力をかけた．

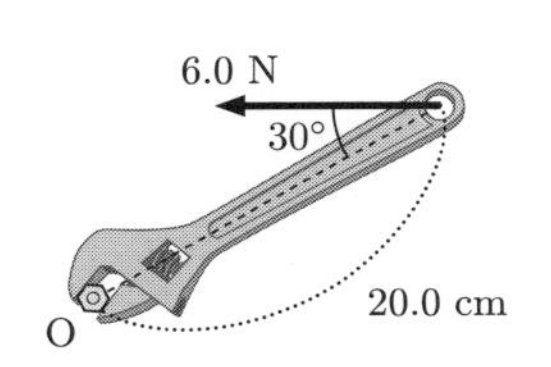


(1) ボルトの中心 O のまわりでの力のモーメントの大きさを求めよ．

(2) ボルトの半径が 6.0 mm であるときボルトの周囲で生じる力の大きさを求めよ．

***12.4*** 水平面上に一様な板を寝かせて右下の角が回転軸となるよう固定し，図のように力を加えると力がつり合って板は静止した．力 $\boldsymbol{F}$ の大きさを求めよ．

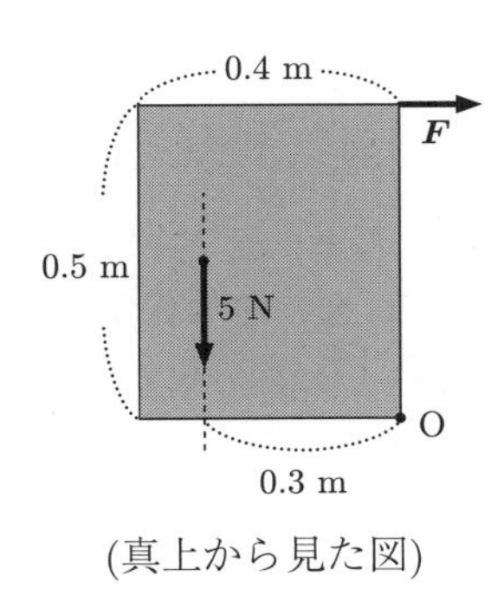

(真上から見た図)

***12.5*** 水平面上に正方形の一様な板を寝かせ, 対角線の交点が回転中心となるよう釘で固定した．この板の 2 点に右図のように力を加えるとつり合った．点 B にかけた力の大きさを求めよ．必要ならば以下の値を用いよ．

$$\sin 45^\circ = \frac{1}{\sqrt{2}},\ \cos 45^\circ = \frac{1}{\sqrt{2}},\ \tan 45^\circ = 1$$

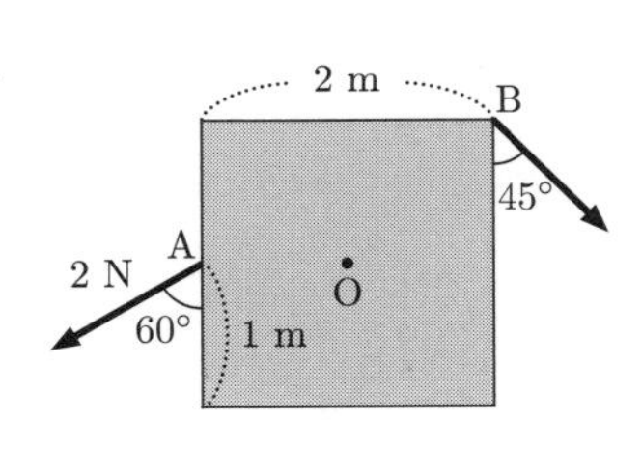

(真上から見た図)

***12.6*** 直径 0.50 m のハンドルを回すとき，次の偶力のモーメントの大きさを求めよ．

(1) ハンドルの直径に対し垂直に $F = 3.0\,\mathrm{N}$ の偶力をかけるとき．

(2) ハンドルの直径に対し $30°$ の角度で $F = 6.0\,\mathrm{N}$ の偶力をかけるとき．

(3) ハンドルの直径に平行に $F = 5.0\,\mathrm{N}$ の偶力をかけるとき．

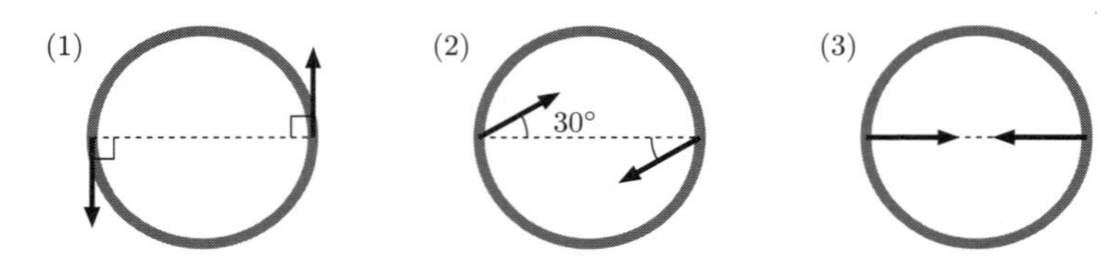


***12.7*** 図のように，長さ 5.0 m の軽い棒の A 点，B 点におもりをつけて，棒を点 O につないだ糸でつるしたところ，棒は水平につり合った．A, B 点につるしたおもりの質量はそれぞれ 2.0 kg, 0.5 kg である．重力加速度の大きさを $9.8\,\mathrm{m/s^2}$ とする．

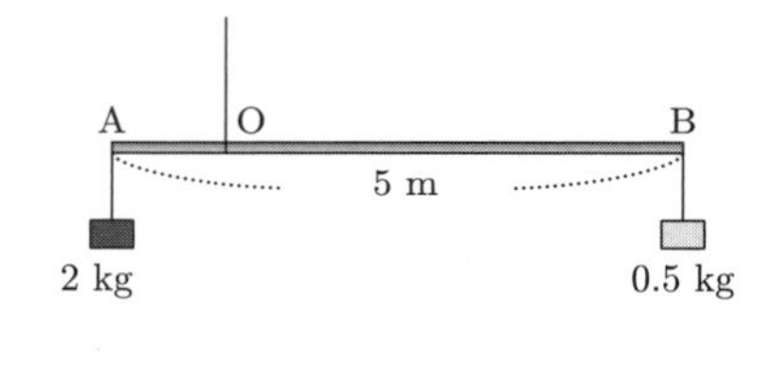


(1) 点 A と点 B にはたらく力の合力の大きさを求めよ．

(2) 棒が水平になりつり合う (点 O のまわりの力のモーメントの和 $= 0$ にする) ためには，点 O は点 A から何 m の位置にあればよいか．

(3) 糸にはたらく張力の大きさを求めよ．

***12.8*** 太さが均一でない (重心が中心にない) 長さ 2.8 m の棒が床に置かれている．一端 A を持ち上げるのに 63 N，他端 B を持ち上げるのに 35 N 以上の力が必要であった，棒の質量を $m$，B から棒の重心までの長さを $x$，重力加速度の大きさを $9.8\,\mathrm{m/s^2}$ として，以下の問いに答えよ．

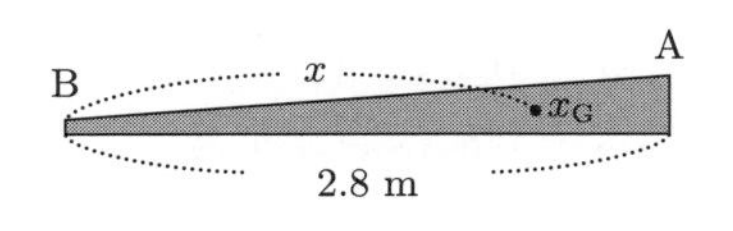


(1) 棒の質量は何 kg か．

(2) $x$ は何 m か．

***12.9*** 長さ 40 cm，重さ 500 g の一様な棒の右端に 1 kg のおもり A を付けて，以下の図のように置くと棒は机から落ちてしまう．

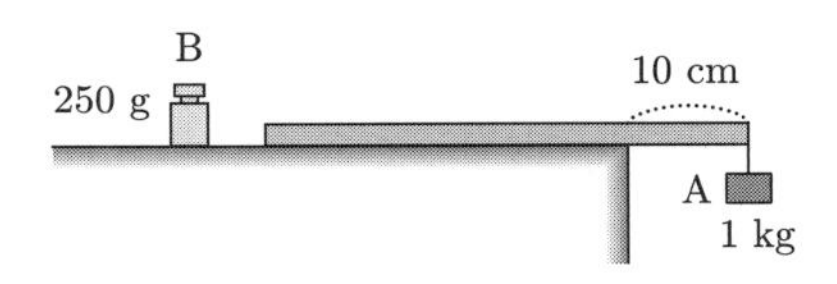


(1) 力のモーメントの和から，棒が机から落ちることを確かめよ．

(2) 250 g のおもり B があるとき，棒が机から落ちないためには，おもり B を棒の左端から何 cm の場所に載せればよいか求めよ．

***12.10*** 水平な床の上に置かれた，質量 6.0 kg の密度が一様な直方体 (辺 AB, AD の長さは 0.6 m と 0.4 m) の点 A に，辺 AD に平行な方向に大きさ $F$ の力を加える場合を考える．床と直方体の間には摩擦があり，重力加速度の大きさは $9.8\,\mathrm{m/s^2}$ であるとして以下の問いに答えよ．

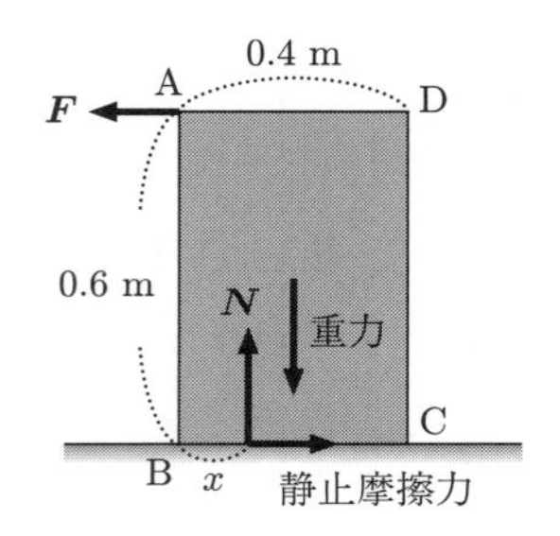


(1) 直方体にはたらく重力および床からの垂直抗力の大きさを求めよ．

(2) $F = 9.8\,\mathrm{N}$ のとき直方体は静止していた．このとき直方体にはたらく床からの垂直抗力の作用点はどこか．点 B からの距離 $x_1$ を求めよ．(ヒント：点 B のまわりのモーメントを考える．静止摩擦力によるモーメントは 0 なので，$F$，重力，垂直抗力による力のモーメントの和が 0 となる $x_1$ を求める．)

(3) $F = 14.7\,\mathrm{N}$ のときも直方体は静止していた．このとき直方体にはたらく床からの垂直抗力の作用点はどこか．点 B からの距離 $x_2$ を求めよ．

(4) $F$ を大きくしていくと直方体は傾きはじめた．そのときの $F$ の大きさ $F_1$ を求めよ．(ヒント：傾き始めるとき，垂直抗力の作用点は点 B にある．)

(5) 直方体が滑り出さずに傾くためには，床と直方体との間の静止摩擦係数 $\mu_0$ がいくらより大きい必要があるか．

# 13 発展問題

***13.1*** 現在知られている物理法則には，基礎物理定数とよばれる量が含まれている．最も重要な基礎物理定数は，

- 光速度：$c = 3.0 \times 10^8$ m s$^{-1}$
- 万有引力定数：$G = 6.7 \times 10^{-11}$ m$^3$ kg$^{-1}$ s$^{-2}$
- プランク定数：$h = 6.6 \times 10^{-34}$ m$^2$ kg s$^{-1}$ $\Big($プランク定数を $2\pi$ で割ったものを $\hbar$ で表し，これをディラック定数とかディラックのエイチなどと呼ぶこともある．$\hbar = \dfrac{h}{2\pi} = 1.1 \times 10^{-34}$ m$^2$ kg s$^{-1}\Big)$

である．次の問いに答えよ．

(1) $c, G, \hbar$ の次元をそれぞれ述べよ．

(2) ある物理量 $x$ が，$x = c^\alpha \times G^\beta \times \hbar^\gamma$ と表されるとき，物理量 $x$ の次元を $\alpha, \beta, \gamma$ を用いて表せ．

(3) 物理量 $x$ が長さであるとき，これをプランク長さ $(l_{\rm pl})$ とよぶ[1]．$l_{\rm pl}$ の $\alpha, \beta, \gamma$ を求めよ．

(4) プランク長さ $l_{\rm pl}$ は何 m か求めよ．

***13.2*** 比較的大きな速さで落下する物体にはたらく空気抵抗力は物体の速さの 2 乗に比例する．すなわち，物体の速さを $v$ とすると空気抵抗力の大きさは $kv^2$ と表される[2]．ここで $k$ は抵抗力の大きさを決める定数である．重力加速度の大きさを $g$ として次の問いに答えよ．

(1) $kv^2$ で決まる空気の抵抗力を受けて落下する物体 (質量 $m$) の鉛直方向の運動方程式を書け．ただし，鉛直下向きを正とする座標を採用せよ．

(2) この物体の終端速度を求めよ．

---

1) 宇宙は今から 138 億年前にプランク長さの大きさで誕生し，その後急激に膨張して現在に至ると考えられている．宇宙の誕生を特徴づける量として他に，プランク時間，プランク質量などがある．余力があればこれらも求めてみよ．

2) 一方，$v$ が比較的小さいときの物体にはたらく空気抵抗力の大きさは速さに比例し，比例定数を $k$ とすれば $kv$ と表される (*13.3*, *13.11* 参照)．

***13.3*** 小物体を仰角 $\theta$，初速度 $v_0$ で原点 O から発射する．この物体にはたらく空気の抵抗力は速度に比例し，$-b\boldsymbol{v}$ と表されるとする ($b$ は抵抗力の大きさを決める定数)．重力加速度の大きさは $g$ として次の問いに答えよ．

(1) 発射方向水平に $x$ 軸，鉛直上向きに $y$ 軸をとる．$x$ 方向および $y$ 方向の物体の運動方程式をかけ．

(2) $x$ 方向の運動方程式を積分し，物体の $x$ 座標を時間 $t$ の関数として表せ．

(3) (2) の結果から，物体の $x$ 座標には最大値 (つまりこれより遠くには届かない) があることがわかる．これを求めよ．

***13.4*** 平面上に力の場 $\boldsymbol{F} = 3x\boldsymbol{i} + 2y\boldsymbol{j}$ がある．この力の場による仕事 $W = \int_C \boldsymbol{F} \cdot \mathrm{d}\boldsymbol{r}$ は経路 $C$ によらない．このことを以下のようにして確認しよう．なお，積分経路によらずに仕事が決まる力を保存力とよぶ．

(1) 原点 O から $x$ 軸に沿って点 A $(4, 0)$ まで進む経路を $C_1$ とする．この経路を表すには，$t$ をパラメータとして，$\boldsymbol{r}(t) = 4t\boldsymbol{i} + 0\boldsymbol{j}$ $(0 \leq t \leq 1)$ とすればよく，$x = 4t, y = 0$ と置き換えることができる．このとき力の場 $\boldsymbol{F}$ を $t$ で表せ．

(2) このとき，経路 $C_1$ に沿った線素ベクトル $\mathrm{d}\boldsymbol{r}$ は，$\mathrm{d}\boldsymbol{r} = (4\boldsymbol{i} + 0\boldsymbol{j})\,\mathrm{d}t$ となる．パラメータ $t$ の範囲は 0 から 1 であることに注意して，経路 $C_1$ に沿った仕事 $W_1$ を計算せよ．

(3) 点 A $(4, 0)$ から $y$ 軸に沿って点 B $(4, 7)$ まで進む経路を $C_2$ とする．再びパラメータ $t$ $(0 \leq t \leq 1)$ を用いて経路を表すと，$\boldsymbol{r}(t) = 4\boldsymbol{i} + 7t\boldsymbol{j}$ とすればよい．このとき力の場 $\boldsymbol{F}$ を $t$ で表せ．

(4) このとき，経路 $C_2$ に沿った線素ベクトル $\mathrm{d}\boldsymbol{r}$ は，$\mathrm{d}\boldsymbol{r} = (0\boldsymbol{i} + 7\boldsymbol{j})\,\mathrm{d}t$ となる．経路 $C_2$ に沿った仕事 $W_2$ を計算せよ．

(5) 原点 O から点 B $(4, 7)$ に直線で進む経路を $C_3$ とする．パラメータ $t$ $(0 \leq t \leq 1)$ を用いると，$\boldsymbol{r}(t) = 4t\boldsymbol{i} + 7t\boldsymbol{j}$ とすればよく，このとき $\mathrm{d}\boldsymbol{r} = (4\boldsymbol{i} + 7\boldsymbol{j})\,\mathrm{d}t$ となる．経路 $C_3$ に沿った仕事 $W_3$ を計算せよ．

(6) 経路 $C_1 + C_2$ における仕事 $W_1 + W_2$ と経路 $C_3$ における仕事 $W_3$ は等しいことを確認せよ．

***13.5*** なめらかな水平面上にあるばね定数 $k$ のばねに質量 $m$ の物体を取り付け，ばねを自然長から $A$ だけ伸ばしたところから静かに手をはなすと，物体は単振動をする．手をはなす瞬間を時刻 $t = 0$ とすると，物体の位置 $x$ は時間 $t$ の関数として，$x = A\cos(\omega t)$ と表される．ここで $\omega$ は角振動数である．次の問いに答えよ．

(1) 単振動の周期 $T$ を $\omega$ で表せ．

(2) 物体の速度 $v$ を時刻 $t$ の関数として表せ．

(3) 物体の加速度 $a$ を時刻 $t$ の関数として表せ．

(4) 物体の運動方程式が成り立つために角振動数 $\omega$ が満たすべき条件を求めよ．

(5) 時刻 $t = 0$ から $t = aT$ ($a$ は定数) の間に物体が受ける力積 $I$ を求めよ．

(6) 時刻 $t = 0$ から $t = T/4$ の間の物体の運動量の変化 $\Delta p$ を求めよ．

(7) (5) と (6) の結果を比べて，運動量の変化と力積が等しいことを確かめよ．

***13.6*** 等質量の 2 物体の 2 次元衝突を考える．静止している物体にもう一方が速さ $v$ で衝突し，それぞれが $v_1, v_2$ の速さで，入射方向に対して角度 $\theta_1, \theta_2$ の方向に運動した．完全弾性衝突 (反発係数 $e = 1$) の場合，衝突後の方向を表す角度 $\theta_1$ と $\theta_2$ の和は必ず $90^\circ$ となる．このことを以下の手順で確かめよ．

(1) 運動量保存則により得られる速度 $v, v_1, v_2$ の関係式を 2 本求めよ．

(2) 完全弾性衝突では力学的エネルギーが保存されることから得られる速度 $v, v_1, v_2$ の関係式を求めよ．

(3) (1) と (2) で得られた 3 本の等式から速度 $v, v_1, v_2$ を消去すると，角度 $\theta_1$ と $\theta_2$ の関係式が得られる．これを整理すると最終的に $\cos(\theta_1 + \theta_2) = 0$ が得られ，$\theta_1 + \theta_2 = 90^\circ$ とわかる．これを確かめよ．

***13.7*** 質量 $M$ (燃料含む) のロケットを地上から打ち上げよう．時刻 $t = 0$ にエンジンを点火して，単位時間当たり質量 $\alpha$ の燃料を速度 $v$ で定常的に噴射する．重力加速度の大きさを $g$ とし，空気の抵抗力を無視して次の問いに答えよ．

(1) ロケットの推進力 $F$ は力積の法則から単位時間当たりのロケットの運動量変化に等しい．$F$ を求めよ．

(2) 燃料の噴射によるロケット質量 $M$ の変化が無視できるとき，ロケットの速度 $V$ を時間 $t$ の関数として表せ．ただし，ロケットの初速は 0 とする．

(3) 燃料の噴射によるロケット質量 $M$ の単位時間当たりの変化が $\dfrac{\mathrm{d}M}{\mathrm{d}t} = -\alpha$ であることからロケット質量 $M$ を時間 $t$ の関数として表せ．ただし，初期のロケット質量を $M_0$ とせよ．

(4) ロケット質量 $M$ の変化を考慮したときのロケットの速度 $V$ を時間 $t$ の関数として表せ．

***13.8***　単振動の運動方程式 $a = -\omega^2 x$ の実一般解は $x = C_1 \sin\omega t + C_2 \cos\omega t$ ($C_1$, $C_2$ は実数の定数) と表される．次の問いに答えよ．

(1) 実一般解を時間微分して速度 $v$ を時間 $t$ の関数として表せ．

(2) 速度 $v$ を時間微分して加速度 $a$ を時間 $t$ の関数として表せ．

(3) 位置 $x$ と加速度 $a$ の式が単振動の運動方程式を満たしていることを確認せよ．

***13.9***　ノーベル物理学賞の受賞者であるリチャード・ファインマンが「我々の至宝」と褒めたたえたと言われる，オイラーの公式

$$e^{i\theta} = \cos\theta + i\sin\theta$$

について次の問いに答えよ．ここで $i$ は虚数単位であり $i^2 = -1$ である．

(1) $e^{\pi i}$, $e^{2\pi i}$ の値を求めよ．

(2) 指数法則 $e^{i\alpha}e^{i\beta} = e^{i(\alpha+\beta)}$ にオイラーの公式を用いて，加法定理

$$\sin(\alpha+\beta) = \sin\alpha\cos\beta + \cos\alpha\sin\beta, \qquad \cos(\alpha+\beta) = \cos\alpha\cos\beta - \sin\alpha\sin\beta$$

を証明せよ．

***13.10*** 単振動の運動方程式 $\dfrac{\mathrm{d}^2 x}{\mathrm{d}t^2} = -\omega^2 x$ の複素一般解 $x = \alpha e^{i\omega t} + \beta e^{-i\omega t}$ ($\alpha$, $\beta$ は複素数の定数) が単振動の運動方程式を満たすことを確かめよ．

***13.11*** 物体の速度 $v$ に比例した抵抗力 $f = -bv$ ($b$ は抵抗力の強さを決める定数) がある媒質中での振動運動を考えよう．物体の質量を $m$，位置を $x$，復元力を $F = -kx$ ($k$ は復元力の強さを決める定数) とすると，物体の運動方程式は $ma = -kx - bv$ となる ($a$ は物体の加速度)．ここで，$\omega^2 = k/m$，$\mu = b/2m$ とおくと，運動方程式は，

$$\frac{\mathrm{d}^2 x}{\mathrm{d}t^2} + 2\mu\frac{\mathrm{d}x}{\mathrm{d}t} + \omega^2 x = 0$$

と変形できる．次の問いに答えよ．

(1) 上記の運動方程式の変形を確かめよ．

(2) 上記の方程式は 2 階線形微分方程式に分類される．$x = e^{\lambda t}$ ($\lambda$ は複素数の定数) とおいて方程式に代入し，$\lambda$ に関する 2 次方程式 (これを微分方程式の特性方程式という) を導出せよ．

(3) (2) の 2 次方程式の解を求めよ．

(4) 上記の 2 階線形微分方程式の一般解は，$\lambda$ に 2 つの解 $\lambda_1$, $\lambda_2$ があるとき，初期条件で決まる実数定数 $C_1$, $C_2$ を用いて，$x = C_1 e^{\lambda_1 t} + C_2 e^{\lambda_2 t}$ となる．また，$\lambda$ が 1 つの解 (重解) のときは，$x = e^{\lambda t}(C_1 t + C_2)$ となる．ゆえに，復元力に起因する $\omega$ と抵抗力に起因する $\mu$ の大小関係で次の 3 つの場合に分けられる．

① $\mu > \omega$ のとき $x = e^{-\mu t}(C_1 e^{\sqrt{\mu^2 - \omega^2}\ t} + C_2 e^{-\sqrt{\mu^2 - \omega^2}\ t})$ (過減衰)

② $\mu < \omega$ のとき $x = e^{-\mu t}\left\{C_1 \cos\left(\sqrt{\omega^2 - \mu^2}\ t\right) + C_2 \sin\left(\sqrt{\omega^2 - \mu^2}\ t\right)\right\}$ (減衰振動)

③ $\mu = \omega$ のとき $x = e^{-\mu t}(C_1 t + C_2)$ (臨界減衰)

これらを確かめよ．また，それぞれの場合について考察せよ．

**13.12**　半径 $R$，質量 $M$，密度 $\rho$ (一定) の球対称の星を考えよう．万有引力定数を $G$ として次の問いに答えよ．

(1) この星の密度が一様であるとき，質量 $M$ を $R, \rho$ で表せ．

(2) 星の内部の半径 $r$ の範囲にある質量を $M_r$ とする．これを求めよ．

(3) 半径 $r$ から $r + \mathrm{d}r$ の範囲にある薄い球殻に含まれる質量を $m_r$ とする．これを求めよ．

(4) (3) の球殻にはたらく万有引力は，球殻の外側の質量からの寄与は相殺され，球殻の内側の質量 $M_r$ が星の中心に集中している場合と等しくなる．このとき，球殻の万有引力による位置エネルギー $\mathrm{d}U_r$ を求めよ．

(5) (4) の位置エネルギー $\mathrm{d}U_r$ を星の中心 $(r = 0)$ から星の半径 $r = R$ まで積分して，この星全体の万有引力による位置エネルギー $U$ を求め，星の質量 $M$ と半径 $R$ で表せ．

(6) 太陽の質量は $M = 2 \times 10^{30}\,\mathrm{kg}$，半径は $R = 7 \times 10^{8}\,\mathrm{m}$ である．万有引力定数 $G = 7 \times 10^{-11}\,\mathrm{N\,m^2\,kg^{-2}}$ として，太陽の $U$ を求めよ．

(7) 太陽を作ったガスがもともと持っていたエネルギーを $E = 0$ とすると，太陽を作ることで位置エネルギーが解放されて，熱エネルギーとなる．これを求めよ．

(8) 仮に太陽が (7) で求めた形成時の熱エネルギーで輝いているとすると，太陽の寿命は何年になるか求めよ．ただし，太陽の放射光度は $L = 4 \times 10^{26}\,\mathrm{W}$，1 年は約 $3 \times 10^{7}$ 秒である．

# 演習問題の解答

## 第1章

***1.1*** (1) 1時間 = 60分 = 3600秒
(2) $1\,\mathrm{km} = 1^3\,\mathrm{m} = 10^5\,\mathrm{cm} = 10^6\,\mathrm{mm}$
(3) $1\,\mathrm{t} = 10^3\,\mathrm{kg} = 10^6\,\mathrm{g}$

***1.2*** $1224\,\mathrm{km/h}$

***1.3*** (1) 2.50インチ $= 6.35 \times 10^{-2}\,\mathrm{m}$
(2) $350\,\mathrm{cc} = 350\,\mathrm{cm}^3 = 350 \times (10^{-2}\,\mathrm{m})^3 = 350 \times 10^{-6}\,\mathrm{m}^3 = 3.50 \times 10^{-4}\,\mathrm{m}^3$
(3) $3.15 \times 10^7\,\mathrm{s}$
(4) 5ポンド $= 5 \times 0.453\,\mathrm{kg} = 2.27\,\mathrm{kg}$

## 第2章

***2.1*** $\sqrt{3}\boldsymbol{i} + \boldsymbol{j} = \sqrt{3}(1,0) + (0,1) = (\sqrt{3}, 1)$
大きさは2，角度は30°

***2.2*** (1)

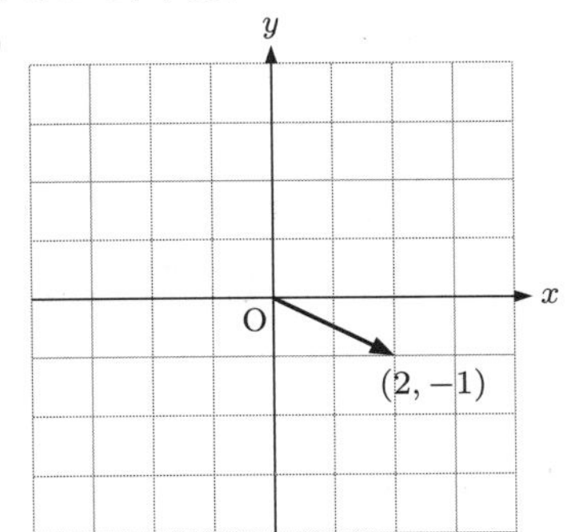


(2) (i) $(4, 2)$
(ii)

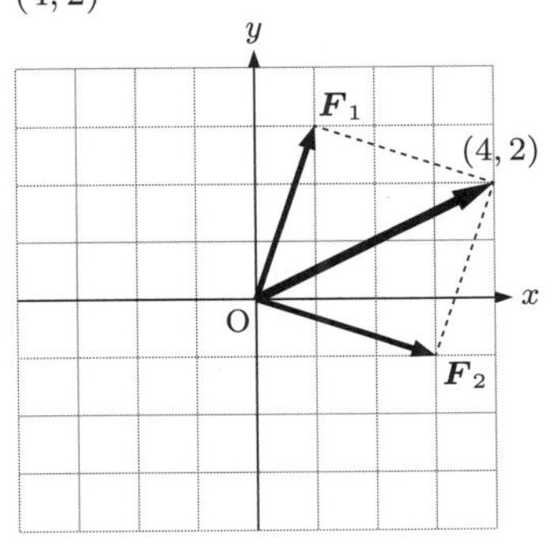


## 第3章

***3.1*** (1) $4.0\,\mathrm{m/s}$
(2) $12\,\mathrm{m/s}$
(3) 2.2時間

***3.2*** (1) $2.5\,\mathrm{m/s^2}$
(2) $7.9\,\mathrm{m/s^2}$
(3) $-4.4\,\mathrm{m/s^2}$
(4) $74.0\,\mathrm{m/s} = 266.4\,\mathrm{km/h}$
(5) $-1.60\,\mathrm{m/s^2}$

***3.3*** (1)

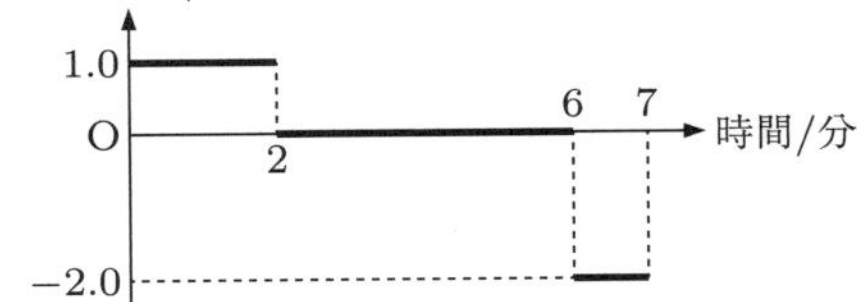


(2) $11\,\mathrm{km}$

***3.4*** (1) $v = \dfrac{\mathrm{d}x}{\mathrm{d}t} = 2v_0 t + \dfrac{3}{2}a_0 t^2$
(2) $a = \dfrac{\mathrm{d}v}{\mathrm{d}t} = 2v_0 + 3a_0 t$

***3.5*** (1) $100\,\mathrm{m}/12\,\mathrm{s} = 8.33\,\mathrm{m/s}$
(2) 静止
(3) 6〜8秒の間, $-20\,\mathrm{m/s}$
(4) 速さは $x$-$t$ グラフの傾きである．$t = 2$〜12秒の傾きは $t = 0$〜12秒の傾きより小さいので，(1)で求めた速さよりも遅い

***3.6*** (1) $9.0\,\mathrm{m/s}$
(2) $27\,\mathrm{m}$

***3.7*** (1) $90\,\mathrm{km/h} = 25\,\mathrm{m/s}$, $36\,\mathrm{km/h} = 10\,\mathrm{m/s}$ より，

$$(10 - 25)\,\mathrm{m/s} \div 8\,\mathrm{s} = -1.875\,\mathrm{m/s^2} \simeq -1.9\,\mathrm{m/s^2}$$

(2) 140 m

## 第 4 章

***4.1*** (1) $2.0\,\mathrm{m/s^2}$
(2) $3.33\,\mathrm{m/s^2} \simeq 3\,\mathrm{m/s^2}$
(3) $9.8\,\mathrm{N}$
(4) $0.98\,\mathrm{N}$
(5) 1/2 倍
(6) 物体が地球を引く力

***4.2*** (1) 第三法則
(2) 第二法則
(3) 第一法則
(4) 第二法則
(5) 第三法則
(6) 第一法則

***4.3*** (1) (i) $49\,\mathrm{N}$ (ii) $8.0\,\mathrm{N}$ (iii) $18\,\mathrm{N}$
(iv) $45\,\mathrm{N}$
(2) 火星

***4.4*** (1) 上， $mg$
(2) 下， $mg$
(3) $(M+m)g$

## 第 5 章

***5.1*** (1)

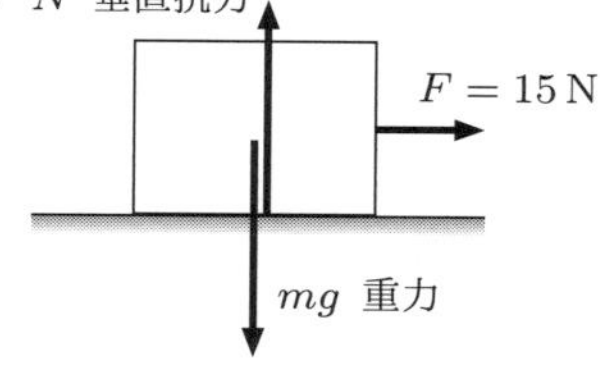


(2) 水平方向： $F\,(=15\,\mathrm{N}) = ma$
垂直方向： $N = mg$
(3) $a = 1.5\,\mathrm{m/s^2}$, $N = 98\,\mathrm{N}$

***5.2*** (1) $5.0\,\mathrm{m/s^2}$
(2) $10\,\mathrm{N}$

***5.3*** (1)

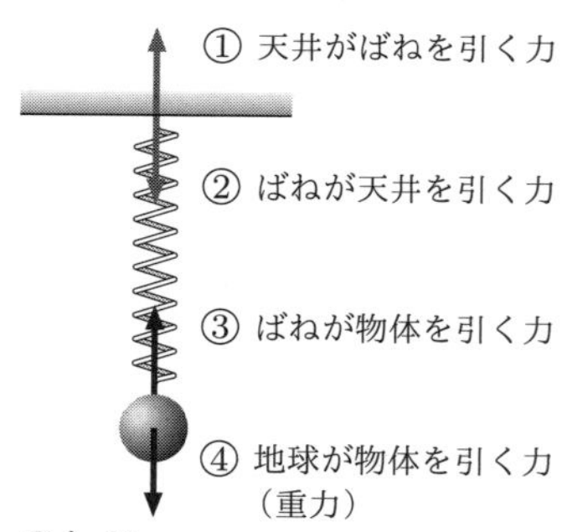


(2) ①と②

***5.4*** (1) $F = 0\,\mathrm{N}$, $f = 0\,\mathrm{N}$
(2) $F = 36\,\mathrm{N}$, $f = 12\,\mathrm{N}$
(3) $20\,\mathrm{m/s}$

***5.5*** (1) $4.9\,\mathrm{m/s^2}$
(2) (斜面に沿って下方向に) $4.9\,\mathrm{m/s}$
(3) $2.45\,\mathrm{m}$

***5.6*** (1)

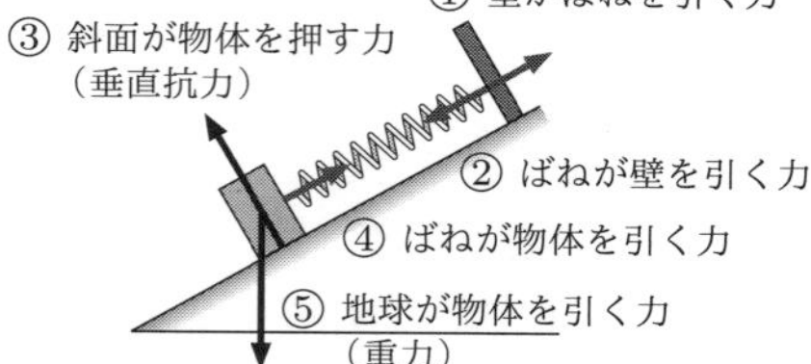


(2) ①と②

***5.7*** $\theta = 60°$

***5.8*** $\boldsymbol{F}_1 - \boldsymbol{F}_2 = (5,2) - (-2,-3) = (7,5)$ より， $|\boldsymbol{F}_1 - \boldsymbol{F}_2| = \sqrt{7^2+5^2} = \sqrt{74} \simeq 8.6$

***5.9*** $(-5\sqrt{2}, -5\sqrt{2})$

***5.10*** (1) $ma = T_1 - T_2$
(2) $ma = T_1 - T_2 - T_3$
(3) A : $m_1 a = T - m_1 g$
B : $-m_2 a = T - m_2 g$
(4) $ma = T - mg$

## 第 6 章

***6.1*** (1) $-0.7\,\mathrm{m/s^2}$
(2) $14\,\mathrm{N}$ 進行方向と逆向き
(3) $35\,\mathrm{m}$

***6.2***

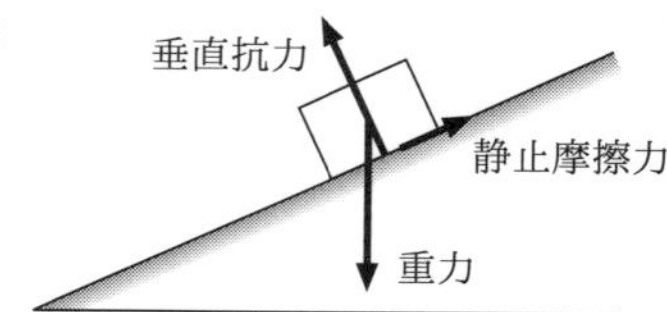


***6.3*** (1), (3), (5)

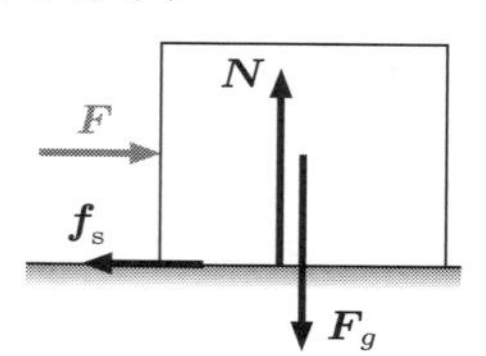


(2) $196\,\mathrm{N}$
(4) $196\,\mathrm{N}$
(5) $f_\mathrm{s} = 117.6\,\mathrm{N} \simeq 118\,\mathrm{N}$
(6) $117.6 \simeq 118$

**6.4** (1), (3)

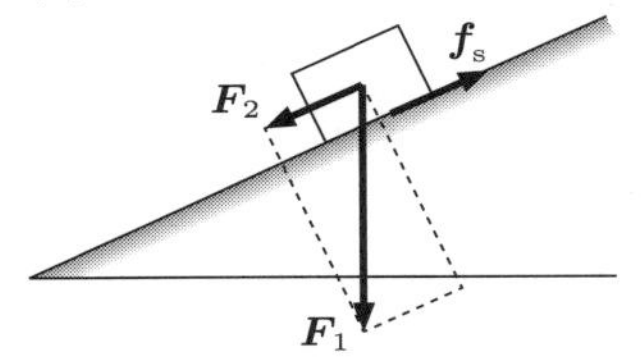


(2) 49 N

(4) $F_1 \sin\theta$

**6.5** (1) $a = \dfrac{F}{M+m}$,　$f_s = \dfrac{mF}{M+m}$

(2) $F_0 = \mu(M+m)g$

**6.6** (1) $\mu' Mg\cos\theta$,　斜面に沿って下向き

(2) $a = g\dfrac{m - M(\mu'\cos\theta + \sin\theta)}{M+m}$

## 第7章

**7.1** 90 m

**7.2** (1) 33.9 m/s

(2) 0 m/s

(3) 4.0 s 後

(4) 136 m

(5) 放物線

**7.3** (1) 5.0 m/s

(2) 19.6 m/s

(3) 4.0 s

(4) 20 m

(5) 39.5 m/s

## 第8章

**8.1** (1) 50 kg·m/s

(2) 60 N·s

(3) 5.5 kg·m/s

(4) −5.5 kg·m/s

**8.2** (1) 10 kg·m/s

(2) 15 kg·m/s

**8.3** (1) 0 kg·m/s

(2) 200 m/s

**8.4** (1) 15 m/s

(2) −5 m/s

(3) $\dfrac{1}{3}$

**8.5** (1) −19.6 m/s

(2) 9.8 m/s

(3) 4.9 m

**8.6** (1) 500 kg·m/s

(2) 10 kg·m/s

(3) (a) 10.5 N·s

(b) 2100 N

**8.7** $v'_A = 3.2\,\mathrm{m/s}$, $v'_B = 9.2\,\mathrm{m/s}$

**8.8** (1) 140 kg·m/s

(2) −140 N·s

(3) −14 N

**8.9** (1) $\Delta p_x = p'_x - 8\,\mathrm{kg\cdot m/s} = 0\,\mathrm{N\cdot s}$

$\Delta p_y = p'_y - 0\,\mathrm{kg\cdot m/s} = 6\,\mathrm{N\cdot s}$

(2) 20 m/s

**8.10** (1) 30 kg·m/s

(2) −12 kg·m/s

(3) 右向きに 2.0 m/s

**8.11** $\dfrac{33}{4}$ m/s

## 第9章

**9.1** (1) 仕事をするのは $f$ と $T_1$. 大きさはそれぞれ $-fx, T_1x$.

(2) 仕事をするのは $T_2$ と $mg$. 大きさはそれぞれ $T_2h, -mgh$

**9.2** (1) $Tx$

(2) $\dfrac{\sqrt{3}}{2}Tx$

**9.3** (1) A の運動量：60 kg·m/s

B の運動量：60 kg·m/s

(2) A の運動エネルギー：$360\,\mathrm{kg\cdot m^2/s^2} = 360\,\mathrm{J}$

B の運動エネルギー：$900\,\mathrm{kg\cdot m^2/s^2} = 900\,\mathrm{J}$

**9.4** (1) この問題は斜面と平行方向に $x$ 軸 (斜面下向きを正), 斜面に垂直な方向に $y$ 軸 (下向き正) をとった座標系で考えることにする.

(2) $\boldsymbol{F}_{\text{重}} = \begin{pmatrix} 98 \\ 98\sqrt{3} \end{pmatrix} \simeq \begin{pmatrix} 98 \\ 170 \end{pmatrix}$

$\boldsymbol{N} = \begin{pmatrix} 0 \\ -98\sqrt{3} \end{pmatrix} \simeq \begin{pmatrix} 0 \\ 170 \end{pmatrix}$

$\boldsymbol{F} = \begin{pmatrix} -9.8\sqrt{3} \\ 0 \end{pmatrix} \simeq \begin{pmatrix} -17 \\ 0 \end{pmatrix}$

$\boldsymbol{S} = \begin{pmatrix} 3.0 \\ 0 \end{pmatrix}$

(3) −51 J

**9.5** (1) 98 J

(2) 98 J,　14 m/s

(3) $9.8\,\mathrm{m/s}$

***9.6*** (1) $\sqrt{2gh_{\mathrm{AB}}}$
(2) $\sqrt{2g(h_{\mathrm{AB}}-h_{\mathrm{CB}})}$
(3) $y=\dfrac{3}{4}h_{\mathrm{AB}}$

***9.7*** (1) $3.92\,\mathrm{J}$
(2) $0.4\,\mathrm{m}$
(3) $3.92\,\mathrm{J}$
(4) $4.9\,\mathrm{N}$

***9.8*** (1) $mgh-Mgh$
(2) $\dfrac{1}{2}mv^2+\dfrac{1}{2}Mv^2+mgh-Mgh=0$
(3) $\sqrt{2gh\left(\dfrac{M-m}{M+m}\right)}$

## 第 10 章

***10.1*** (1) ① $0.25\,1/\mathrm{s}$　② $\dfrac{\pi}{2}$　③ $0.25\pi$
(2) $0.025\pi^2$

***10.2*** 1.84 倍

***10.3*** (1) $\sqrt{2gL}$
(2) $m\dfrac{v^2}{L}$
(3) $3mg$

***10.4*** (1) $\sqrt{\dfrac{GM_{\mathrm{E}}}{R_{\mathrm{E}}}}$
(2) $\sqrt{\dfrac{2GM_{\mathrm{E}}}{R_{\mathrm{E}}}}$

## 第 11 章

***11.1*** $2\sqrt{2}\pi\,\mathrm{s}$

***11.2*** (1) $0.2\pi$
(2) $0.08\sin\left(10t+\dfrac{\pi}{2}\right)=0.08\cos(10t)$
(3) $0.8\,\mathrm{m/s}$

***11.3*** (1) $\omega=\sqrt{3}\,\mathrm{rad/s},\quad T=\dfrac{2\pi}{\sqrt{3}}\,\mathrm{s}$
(2) $12\,\mathrm{J}$
(3) $2\,\mathrm{m}$
(4) $\phi=\dfrac{2\pi}{3}$

***11.4*** (1) $4\,\mathrm{m}$
(2) $-\rho gSx=-19600x$
(3) $2\pi\sqrt{\dfrac{\ell}{g}}\simeq 4.0\,\mathrm{s}$

## 第 12 章

***12.1*** (1) $20\,\mathrm{N{\cdot}m}$
(2) $30\,\mathrm{N{\cdot}m}$
(3) $-10\,\mathrm{N{\cdot}m}$
(4) $-6.0\,\mathrm{N{\cdot}m}$
(5) $7.5\,\mathrm{N{\cdot}m}$
(6) $-11\,\mathrm{N{\cdot}m}$

***12.2*** $m=2\,\mathrm{kg}$

***12.3*** (1) $0.60\,\mathrm{N{\cdot}m}$
(2) $1.0\times10^2\,\mathrm{N}$

***12.4*** $3\,\mathrm{N}$

***12.5*** $\dfrac{1}{\sqrt{2}}\,\mathrm{N}$

***12.6*** (1) $1.5\,\mathrm{N{\cdot}m}$
(2) $1.5\,\mathrm{N{\cdot}m}$
(3) $0\,\mathrm{N{\cdot}m}$

***12.7*** (1) $24.5\,\mathrm{N}$
(2) $1.0\,\mathrm{m}$
(3) $24.5\,\mathrm{N}$

***12.8*** (1) $10\,\mathrm{kg}$
(2) $1.8\,\mathrm{m}$

***12.9*** (1) 棒の端の位置を回転中心 O とし，左回りを正とする．また，重力加速度の大きさを $g$ とすると，点 O のまわりの力のモーメントの和は

$$0.1\,\mathrm{m}\times(+0.5\,\mathrm{kg}\times g)+0.1\,\mathrm{m}\times(-1\,\mathrm{kg}\times g)=-0.05g\ \mathrm{N{\cdot}m}$$

したがって，棒には右回りに $0.05g$ N·m の力のモーメントがはたらくため，棒は落ちる．
(2) $10\,\mathrm{cm}$

***12.10*** (1) $58.8\,\mathrm{N}$
(2) $x_1=0.1\,\mathrm{m}$
(3) $x_2=0.05\,\mathrm{m}$
(4) $F_1=19.6\,\mathrm{N}$
(5) $\dfrac{1}{3}<\mu_0$

## 第 13 章

***13.1*** (1) $[c]=\mathsf{LT^{-1}},\quad [G]=\mathsf{L^3M^{-1}T^{-2}},\quad [\hbar]=\mathsf{L^2MT^{-1}}$
(2) $[x]=\mathsf{L}^{\alpha+3\beta+2\gamma}\mathsf{M}^{-\beta+\gamma}\mathsf{T}^{-\alpha-2\beta-\gamma}$
(3) $\alpha=-\dfrac{3}{2},\quad \beta=\dfrac{1}{2},\quad \gamma=\dfrac{1}{2}$

(4) $1.7 \times 10^{-35}$ m

**13.2** (1) $ma = mg - kv^2$

(2) $\sqrt{\dfrac{mg}{k}}$

**13.3** (1) $x$: $ma_x = -bv_x$,
$y$: $ma_y = -mg - bv_y$

(2) $x = \dfrac{mv_0}{b}\cos\theta(1 - e^{-bt/m})$

(3) $\dfrac{mv_0}{b}\cos\theta$

**13.4** (1) $\boldsymbol{F} = 12t\boldsymbol{i}$

(2) $W_1 = 24$

(3) $\boldsymbol{F} = 12\boldsymbol{i} + 14t\boldsymbol{j}$

(4) $W_2 = 49$

(5) $W_3 = 73$

(6) ［略］

**13.5** (1) $T = 2\dfrac{\pi}{\omega}$

(2) $v = -A\omega\sin(\omega t)$

(3) $a = -A\omega^2\cos(\omega t)$

(4) $\omega = \sqrt{\dfrac{k}{m}}$

(5) $I = -A\sqrt{km}\sin(2a\pi)$

(6) $\Delta p = -A\sqrt{km}$

(7) ［略］

**13.6** (1) $v = v_1\cos\theta_1 + v_2\cos\theta_2$,
$v_1\sin\theta_1 = v_2\sin\theta_2$

(2) $v^2 = v_1^2 + v_2^2$

(3) ヒント：最終段階で加法定理を使う

**13.7** (1) $F = \alpha v$

(2) $V = \dfrac{\alpha vt}{M}$

(3) $M = M_0 - \alpha t$

(4) $V = v\log\left(\dfrac{M_0}{M_0 - \alpha t}\right)$

**13.8** (1) $v = C_1\omega\cos\omega t - C_2\omega\sin\omega t$

(2) $a = -C_1\omega^2\sin\omega t - C_2\omega^2\cos\omega t$

(3) ［略］

**13.9** (1) $-1, 1$

(2) ［略］

**13.10** ［略］

**13.11** (1) ［略］

(2) $\lambda^2 + 2\mu\lambda + \omega^2 = 0$

(3) $\lambda = -\mu \pm \sqrt{\mu^2 - \omega^2}$

(4) ［略］

**13.12** (1) $M = \dfrac{4\pi}{3}\rho R^3$

(2) $M_r = \dfrac{4\pi}{3}\rho r^3$

(3) $m_r = 4\pi\rho r^2\,\mathrm{d}r$

(4) $\mathrm{d}U_r = -\dfrac{16\pi^2}{3}G\rho^2 r^4\,\mathrm{d}r$

(5) $U = -\dfrac{3GM^2}{5R}$

(6) $-2 \times 10^{41}$ J

(7) $2 \times 10^{41}$ J

(8) 約 2,000 万年．このことから太陽のエネルギー源は別にあることがわかる．それは核融合のエネルギーである．

## 編著者一覧


茅原弘毅（ちはらひろき）　大阪産業大学デザイン工学部環境理工学科 准教授

大村知美（おおむらともみ）　大阪産業大学全学教育機構 講師

馬渡　健（まわたりけん）　国立天文台ハワイ観測所 特任研究員

遠藤友樹（えんどうともき）　大阪産業大学全学教育機構 教授

井上昭雄（いのうえあきお）　早稲田大学先進理工学部物理学科 教授

豊田博俊（とよだひろとし）　大阪産業大学 非常勤講師

村川幸史（むらかわこうじ）　大阪産業大学 非常勤講師

青山尚平（あおやましょうへい）　東京大学宇宙線研究所 特任研究員



**力学演習基礎**（りきがくえんしゅうきそ）

2020 年 3 月 20 日　第 1 版　第 1 刷　発行
2021 年 3 月 20 日　第 2 版　第 1 刷　発行
2021 年 11 月 30 日　第 3 版　第 1 刷　印刷
2021 年 12 月 10 日　第 3 版　第 1 刷　発行

編　者　大阪産業大学物理学教室
発行者　発 田 和 子
発行所　株式会社 学術図書出版社

〒113−0033　東京都文京区本郷 5 丁目 4 の 6
TEL 03−3811−0889　振替　00110−4−28454
印刷　三美印刷（株）

**定価はカバーに表示してあります．**





Printed in Japan
ISBN978−4−7806−0962−2　C3042